Mahamat Ali Issaka

Modélisation statistique du profil épidémiologique des épileptiques

Mahamat Ali Issaka

Modélisation statistique du profil épidémiologique des épileptiques

Éditions universitaires européennes

Impressum / Mentions légales

Bibliografische Information der Deutschen Nationalbibliothek: Die Deutsche Nationalbibliothek verzeichnet diese Publikation in der Deutschen Nationalbibliografie; detaillierte bibliografische Daten sind im Internet über http://dnb.d-nb.de abrufbar.

Information bibliographique publiée par la Deutsche Nationalbibliothek: La Deutsche Nationalbibliothek inscrit cette publication à la Deutsche Nationalbibliografie; des données bibliographiques détaillées sont disponibles sur internet à l'adresse http://dnb.d-nb.de.

Coverbild / Photo de couverture: www.ingimage.com

Verlag / Editeur:
Éditions universitaires européennes
ist ein Imprint der / est une marque déposée de
OmniScriptum GmbH & Co. KG
Heinrich-Böcking-Str. 6-8, 66121 Saarbrücken, Deutschland / Allemagne
Email: info@editions-ue.com

Herstellung: siehe letzte Seite /
Impression: voir la dernière page
ISBN: 978-3-8416-6097-8

Remerciements

Je remercie tout d'abord mon directeur de stage Pr Lamine Gueye pour tous ses conseils qui m'ont été très utile dans l'avancement de ce travail malgré toutes ses charges. À travers vous, je remercie tout le personnel du service de neurologie de CHU de Fann de part leurs gentillesses envers moi tout au long de mon stage sans exception du médecin au planton.

Je tiens également à remercier notre responsable de formation et mon maître de la premicère année à la cinquième année Pr Aliou Diop pour les lectures et suggestions qu'il a su porter sur mes travaux. Merci encore pour tous les efforts que vous avez mené pour la réussite et la qualité de notre formation.
Et également 1000 mercis à tous les enseignants de l'UFR des Sciences Appliquées et Technologies et à tous les enseignants ayant intervenus au DEA pour le savoir que vous m'avez transmis, ayez mon assurance vous pouvez dire mission accomplie.

Je remercie Pr Ali Souleyman Dabye pour m'avoir orienté vers ce temple de savoir qui est notre chère Université Gaston Berger et également pour les efforts que vous menez pour la formation de la jeunesse Tchadienne car le Tchad en a beaucoup besoin.

Je tiens aussi à remercier plus que chaleureusement mes parents maternels et mes cousins avec qui j'ai grandi pour leur soutien, leurs encouragements, leur disponibilité et leur amour sans limite.

Je ne saurais terminer sans remercier mes frères et amis de Saint-louis et de Dakar avec qui nous avons passés des moments inoubliables durant tout mon parcours estudiantin.

Table des matières

Abstract

The aim of this work is to modelize epilepsy for to settle the epidemiological factors for better care for patients.

For this, the models we judged appropriate for this work are the multinomial logit. Those models introduced at the end of years 60 are the models for which the response variable is qualitative with more than two modalities.

In our case the response variable is the indication of EEG of which we want to explain through the sex, the category of age, type of crisis, the personal and family history, treatment and type of EEG examination.

We used the software R for the modeling.

Keys-words : epilepsy, multinomial logit, electroencephalogram(EEG), modeling.

RÉSUMÉ

L'objectif de ce travail est de modéliser l'épilepsie afin déterminer les facteurs epidemiologiques susceptibles afin de mieux prendre en charge les patients.

Pour cela, les modèles dont nous avons jugé appropriés sont les modèles logit multinomiaux. Ces modèles introduits dans les années 60, sont les modèles pour lesquels la variable à expliquer est une variable qualitative avec plus de deux modalités. Pour cette étude, la variable à expliquer est l'indication de l'EEG que nous voulons expliquer à travers le sexe, la catégorie d'âge, le type de crise, les antécédents personnels et familiaux, le traitement et le type d'examen d'EEG. Nous avons utilisé le logiciel R pour la modélisation.

Mots-clés : épilepsie, logit multinomial, électroencéphalogramme(EEG), modélisation.

Chapitre 1

Introduction générale

L'épilepsie est le deuxième motif d'hospitalisation dans les services de neurologie, de neurochirurgie, de pédiatrie et de psychiatrie après les céphalées au Sénégal. L'épilepsie est une maladie neurologique chronique du système nerveux central qui se caractérise par des crises pouvant durer jusqu'à quelques minutes due à un dysfonctionnement d'un très grand nombre de neurones.

La prévalence de l'épilepsie au Sénégal est estimée à 1.67%. Cependant, il n'y a eu aucune étude d'incidence. Ce qui fait de l'épilepsie un réel problème de santé publique au Sénégal.

La plupart des épileptiques ne sont pas traités du fait des interprétations socioculturelles et de l'insuffisance des ressources humaines et matérielles. Les préjugés négatifs qui entourent la maladie sont des obstacles à la bonne prise en charge des malades, leur épanouissement et leur intégration sociale.

Le diagnostic d'épilepsie repose sur l'interrogatoire et l'examen clinique d'un côté, sur les résultats de l'électroencéphalogramme (EEG) de l'autre, et si nécessaire sur une IRM cérébrale (imagerie cérébrale par résonance magnétique).

Pendant l'interrogatoire du patient et de son entourage, le médecin pose beaucoup de questions. Il cherche tout d'abord à connaître le mode de début de la première crise ainsi que les circonstances de sa survenue (durée, fréquence, déroulement chronologique). Il pose également des questions sur le passé médical du patient ou celui de son enfance. Il est nécessaire de donner autant de précisions que possible.

Pour confirmer le diagnostic et les données recueillies lors de l'interrogatoire, le médecin prescrit un examen d'électroencéphalographie (EEG). L'électroencéphalographie est un examen qui permet d'enregistrer l'activité électrique du cerveau. Pour ce faire, des électrodes seront positionnées sur le crâne et sur des zones bien définies du cerveau. Ces électrodes transmettent le signal électrique qu'elles recueillent à un appareil. Une fois amplifié, le signal est retranscrit sous forme de courbes. Ces courbes constituent l'électroencéphalogramme.

L'objectif médical de ce sujet est de modéliser l'épilepsie afin de déterminer les facteurs pronostiques de l'épilepsie.

Les modèles utilisés pour cette étude sont les modèles de régression logistique plus connu sous le nom de logit dans la littérature anglo-saxonne.

Historiquement, l'étude des modèles de régression logistique date de la période des années 1930- 1950. Les travaux les plus marquants de cette époque sont ceux de Bliss (1935) et de Berkson(1944). Ces travaux traitent les modèles dichotomiques simples (modèles logit et probit). Les premières applications ont été alors menées dans le domaine de la biologie. Par la suite, Cox a également fait des développements sur la régression logistique dans les années 70 .

Ceci étant dit, comme il arrive souvent de modéliser des variables réponses qualitatifs à plus de deux modalités, tout récemment les modèles multinomiaux ont été introduites par les chercheurs. Nous pouvons citer à titre d'exemple les travaux de Daniel L. McFadden (1974). McFadden a développé le modèle logit multinomial ou plus précisément des modèles à variable réponse qualitative multinomiale (ou polytomique). Ce sont des modèles dans lesquels la variable à expliquer peut prendre plus de deux modalités.

Ce modèle présente une principale limite connue sous le nom de l'hypothèse d'indépendance des alternatives non pertinentes qui est parfois peu réaliste. Cette hypothèse est connue, dans la littérature anglo-saxonne, sous le sigle *IIA* (Independence from Irrelevant Alternatives), qu'on peut traduire approximativement par *indépendance par rapport aux choix non retenus*. Face à ces critiques et pour répondre aux limites de ce modèle, un autre modèle plus flexible connu sous le nom de modèle probit mutinomial,qui est une généralisation du modèle probit simple, a été développé par Hausman et Wise(1978) et par la suite plus développé par Daganzo (1979).

La particularité de la régression logistique par rapport à la régression linéaire est que la régression logistique en tant que procédure non paramétrique ne présente pas l'hypothèse de la normalité des distributions des variables du modèle. En régression logistique , pour la modélisation de la variable réponse qualitative, il ne s'agit pas de chercher à prédire une valeur arbitraire associé à une catégorie de la variable réponse. Il s'agit de concevoir le problème autrement de manière à prédire *la probabilité* qu'un individu aura d'être classé dans l'une ou l'autre des catégories de la variable réponse.

Ces modèles ont été utilisés pour l'analyse statistique des données réelles dans plusieurs domaines et apportent des résultats très intéressant notamment en médecine. Pour notre cas, nous avons utilisé les modèles énoncés ci-dessus pour la modélisation de l'épilepsie. Il s'agit de la base de données des patients épileptiques du service neurologique du Centre Hospitalier Universitaire de Fann. Ce choix de l'épilepsie peut se justifier par le caractère complexe de l'épilepsie.

Le plan de ce document est le suivant. Dans le premier chapitre, le contexte de l'application clinique visée est précisé ainsi que la classification, l'historique et le diagnostic de cette maladie. Étant donnée que c'est la première fois qu'une telle étude est porté sur cette base de données, nous avons jugé nécessaire de faire une analyse descriptive des données. C'est l'objet du chapitre 2.

Dans le chapitre 3, nous aborderons l'objet principal de ce travail en ce qui s'agit des modèles logit et probit multinomiaux ainsi que leurs méthodes d'estimations des paramètres et les tests de significativité. L'évaluation globale du modèle sur les données réelle considérées sera abordé à la fin de ce chapitre. La méthode d'estimation utilisé pour l'estimation des paramètres des modèles est la méthode du maximum de vraisemblance qui est la méthode la plus pertinente pour ces types de modèles.

Pour l'application des modèles de régression énoncés, nous avons la base de données des patients épileptiques du CHU de Fann construite à partir des données cliniques et des données électro physiologiques.

Le chapitre 4 sera consacré à la présentation et à l'interprétation des résultats de notre étude. Et en dernière partie, quelques éléments de conclusions et perspectives seront donnés.

Chapitre 2

Contexte clinique de l'épilepsie

Il s'agit de donner une idée générale du contexte clinique de l'épilepsie aux lecteurs non familiers de problèmes médicaux, en précisant l'historique, la classification et quelque peu ce que peut être le parcours du patient. La complexité du problème posé (l'épilepsie) et la diversité des approches amènent les médecins et les chercheurs en sciences biostatistiques à collaborer.

2.1 Historique de l'épilepsie

Le nom de cette pathologie vient du grec *epilêpsia* (action de saisir, de mettre la main sur quelque chose, attaque, interception, arrêt soudain). Mais l'épilepsie était déjà connue des Babyloniens dans le Code d'Hammurabi sous la dénomination de "benu", et chez les égyptiens dans le Payrus Ebers sous la dénomination de "nsjt".

Le premier vrai traité sur l'épilepsie est attribué à Hippocrate (*De la Maladie sacrée*) mais ce n'est qu'au XVIe siècle que Cardan et surtout Gabuccini vont écrire, toujours en latin, des ouvrages plus complets sur l'épilepsie. La première publication en langue française qui ne soit pas une traduction des auteurs classiques, est celle de Jean Taxil en 1602 (*Traité de l'Épilepsie, Maladie vulgairement appelée au pays de Provence, la gouttete aux petits enfants*).

Cette maladie a été longtemps considérée depuis l'antiquité jusqu'au Moyen-Âge en fait la conséquence d'une possession démoniaque, empêchant toute progression significative dans la compréhension scientifique de la maladie. Il en résulte le plus fréquemment une stigmatisation et un rejet des patients, avec mise à l'écart du groupe social. Puis au XVIII ème siècle, une première approche scientifique a vu le jour avec le traité d'épilepsie de Tissot (1770).

C'est à la fin du XIX siècle que des progrès très importants ont été réalisés dans la terminologie, la neuropathologie et le traitement de l'épilepsie grâce à l'essor des technologies médicales.

C'est ainsi qu'une approche a été réalisée par Sir Victor Horsley pour la résection de la zone epileptogene de trois patients en 1886 [11].Pour le diagnostic de l'épilepsie, des avancées très significative ont été faites grâce à l'introduction des Électroencéphalogrammes(EEG) chez l'homme par le psychiatre allemand Hans Berger en 1929. Cette découverte a permis une nouvelle approche de la compréhension de l'épilepsie.

Depuis, la maladie n'a cessé d'être l'objet de recherches dans tous les domaines, aussi bien médicaux que techniques.

2.2 Aspect clinique de l'épilepsie

L'épilepsie est une maladie qui concerne environ 1.67% de la population et peut être très invalidante. Elle est une maladie neurologique chronique qui se caractérise par la répétition de crises d'épilepsie. Une crise épileptique unique ou la répétition de crises épileptiques au cours d'une affection médicale aiguë ne constitue donc pas une épilepsie. Elle se manifeste par des crises qui, bien que ne durant que de quelques secondes à plus d'une minute, interdisent aux patients qui en sont atteints d'avoir une activité normale, en particulier professionnelle. Étymologiquement épilepsie signifie d'ailleurs "attaque par surprise".

Les symptômes cliniques des crises d'épilepsie sont très divers, bien qu'ils aient tous une origine physiopathologique similaire. En effet, selon H. Jackson, l'épilepsie correspond "à la survenue épisodique d'une décharge brusque, excessive et rapide d'une population plus ou moins étendue des neurones qui constituent la substance grise de l'encéphale". La décharge est un terme couramment employé par les neurologues et son choix s'explique par l'analogie faite entre un système électrique et le cerveau. Une décharge électrique est donc considérée comme une impulsion électrique très importante qui engendre un total dysfonctionnement des neurones qui se mettent à fonctionner de manière anormale et incontrôlable. L'avènement des techniques modernes d'exploration comme l'Électroencéphalographie (EEG) et la multiplication des études sur le sujet ont confirmé que cette conception de la maladie était bien fondée [10].

2.2.1 Classification des épilepsies

Sur le plan physiologique, l'épilepsie correspond à une activité électrique anormale dans des groupes de neurones. Tout d'abord, de manière discrète (absence de signes cliniques) et en dehors des crises, on peut remarquer dans des enregistrements EEG de surface ou de profondeur des activités transitoires pointues, appelées pointes ou pointes ondes en raison de leurs morphologies, et qui peuvent se détacher plus ou moins nettement de l'activité de fond. Ce qui est caractéristique d'un EEG normal. La figure 1.1 illustre parfaitement un cas d'EEG normal d'un patient.

Ensuite, à l'approche des crises, en leur début, et durant leur déroulement, on peut fréquemment observer des activités paroxystiques telles que des paquets de pointes, des activités anormalement rapides, des oscillations de grande amplitude. La figure 1.2 montre un exemple d'activité typiquement observée. Se référant par exemple à des enregistrements EEG de profondeur qui capturent les activités électriques avec une bien meilleure résolution spatiale qu'en surface, il est possible d'observer simultanément un grand nombre de sites. On peut alors constater dans de nombreux cas qu'au début d'une crise les activités critiques apparaissent d'abord sur certains sites, donc au sein de groupes neuronaux inclus dans certaines structures, pour ensuite se propager à d'autre structures, voire à l'ensemble du cerveau. Ce type de scénario correspond à celui des **épilepsies dites partielles** : il existe un réseau initial de groupes neuronaux sur lequel la crise s'initie avant de se propager plus largement. C'est ce réseau qui est appelé réseau épileptogène.

Les épilepsies partielles peuvent elles-mêmes être classées suivant la localisation de la région initiatrice : épilepsies temporales, épilepsies centrales, frontales, etc.

D'autres **épilepsies sont dites généralisées** car on y constate au début de chaque crise une activité paroxystique qui s'installe pratiquement sans délai dans toutes les régions cérébrales. Ces crises ne sont d'ailleurs généralement pas enregistrées en profondeur car leur absence de structuration spatio-temporelle peut être constatée au moyen des seuls signaux de surface, ce qui constitue une contre indication à une analyse plus fine au moyen d'électrodes.

Donc en bref, nous avons deux principales types d'épilepsies qui sont les épilepsies partielles les plus fréquentes et les épilepsies généralisées.

2.3 Méthode d'investigation : Diagnostic

Un ensemble d'examens seront effectués afin de déterminer le plus précisément possible, la zone cérébrale responsable du déclenchement des crises d'épilepsie. Cet ensemble comporte des données cliniques, des données anatomiques et enfin des données électro physiologiques. Pour confirmation, un examen de EEG et dans un cas plus complexe un IRM vont être effectués.

2.3.1 Données cliniques

Les données cliniques sont les premières informations recueillies lorsqu'un patient se présente pour un diagnostic de son épilepsie. Elles regroupent les résultats d'un ensemble de tests et de questions permettant de rapidement donner des pistes sur le type d'épilepsie ou au moins de privilégier certains axes de recherche des causes de la maladie. On peut distinguer 4 catégories :

- **L'historique de la maladie du patient** : Le neurologue essaie, en interrogeant le patient et sa famille, de déterminer les origines éventuelles de la maladie (âge d'apparition des premiers symptômes, chutes, traumatismes crâniens, antécédents familiaux, etc...),
- **La sémiologie d'une crise type** : Le patient et son entourage tentent de décrire le déroulement des crises (spasmes, absences, chutes, convulsions, ...). Cette sémiologie sera à nouveau décrite par les neurologues lors de l'hospitalisation en EEG-vidéo, afin de l'affiner. La manière dont se déroulent les crises permet dans bien des cas de donner une approximation de la localisation du foyer épileptogène,
- **L'examen neurologique** : Il consiste en une batterie de tests qui servent à déterminer les déficits éventuels dans les fonctions neurologiques du patient. Les fonctions testées sont principalement les fonctions motrices et sensorielles,

– **L'examen neuropsychologique** : Celui-ci est indissociable de l'examen neurologique. Il est axé sur le test des fonctions supérieures (langage, capacités visuelles et spatiales, fonctions exécutives et principalement mémoire). Des déficits dans l'une ou l'autre de ces fonctions permettent d'émettre un diagnostic quant à la zone hémisphérique dans laquelle se situe le siège des crises.

2.3.2 Données anatomiques et fonctionnelles

Les données anatomiques permettent de mettre en évidence l'existence ou non de structures cérébrales endommagées et donc de connaître le foyer lésionnel susceptible de générer les crises d'épilepsie. Ces données sont enregistrées grâce à plusieurs modalités d'imagerie cérébrale telles que les images radiologiques, les scanners ou encore les Imagerie par Résonance Magnétique(IRM). Grâce aux progrès faits dans le domaine de l'imagerie encéphalite ces dernières années, il est aujourd'hui possible d'enregistrer les zones de fonctionnement de certaines parties du cerveau grâce à l'IRMf.

2.3.3 Données Electro physiologiques

L'enregistrement des données électroencéphalographiques est l'unique moyen de directement mettre en évidence l'activité épileptique. En effet, l'EEG permet d'enregistrer de manière directe l'activité électrique produite au niveau le plus élémentaire par les neurones. Contrairement aux autres techniques d'enregistrement, l'EEG fournit des informations en temps réel et avec une excellente résolution temporelle de l'ordre de la dizaine de millisecondes (voir figure 1.1). Cet examen est incontournable pour le diagnostic et la classification des épilepsies.

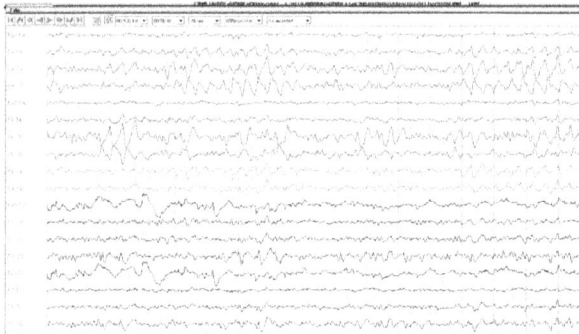

FIGURE 2.1 – Tracée originale d'un patient souffrant d'une crise postérieure (P4O2)

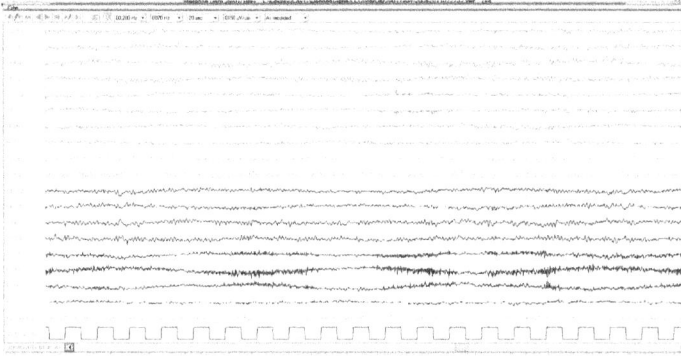

FIGURE 2.2 – Tracée originale d'un patient présentant une activité normale

2.4 Présentation des données de la modélisation

Les variables retenues sont pour la plupart de type quantitative et qualitative et les variables qualitatives à plus de deux modalités ont été codées sous de manière arbitraire format numérique par soucis de conformité avec les autres variables de l'étude.

Parmi les variables explicatives, cinq sont binaire. Il s'agit du sexe, des antécédents familiaux, les antécédents personnels, traitement suivis ou non par le patient et si le patient est épileptique connu ou s'il fait seulement des crises non explorées. Nous avons également les variables explicatives qui sont de type qualitative. Il s'agit de l'âge des patients qui était au début quantitative mais nous l'avons codée sous forme de catégorie d'âge.

La variable à expliquer a été codée comme suit :
- Res=1 correspond à une EEG normal ;
- Res=2 correspond à une épilepsie partielle ;
- Res=3 correspond à une anomalie paroxystique diffuse ou épilepsie diffuse ;
- Res=4 correspond à une anomalie paroxystique généralisée ou épilepsie généralisée ;
- Res=5 correspond à autres type d'épilepsie.

Les autres type d'épilepsie sont constituées des modalités avec des faibles fréquences et les épilepsies indéterminées.

Les quatre variables explicatives ont été nommées et définies de la manière suivante :
- Sexe : 0 pour le sexe masculin et 1 pour le sexe féminin ;
- Age qui est la tranche d'âge : 1 pour les nourrissons, 2 pour les enfants, 3 pour les adolescents, 4 pour les adultes et 5 pour les personnes âgées ;
- EPIC, type de crises : 1 s'il s'agit d'un épileptique connu et 0 si le patient fait des crises inaugurales ;
- ATCdF, les antécédents familiaux d'épilepsie : 1 si le patient a des antécédents familiaux et 0 sinon ;
- ATCDP, les antécédents personnels : 1 si le patient a des antécédents personnels et 0 sinon ;
- TTT, le traitement suivi : 1 s'il suit un traitement et 0 sinon ;
- Type d'EEG, le type d'examen d'EEG enregistré : 1 EEG de veille, 2 EEG de sommeil, 3 EEG de veille, sommeil avec surveillance du vidéo, 4 veille avec vidéo et 5 sommeil avec vidéo.

Les dix premières observations des données sont données par :

	Sexe	Age	EPIC	ATCdF	ATCDP	TTT	Type	Res
1	0	4	0	0	1	0	1	1
2	1	4	0	0	0	1	1	1
3	0	4	0	0	1	1	1	3
4	0	3	1	0	0	0	1	3
5	1	4	0	0	1	1	1	1
6	1	4	1	0	0	1	1	3
7	1	4	0	1	0	1	1	1
8	1	4	0	0	0	0	1	1
9	0	4	1	0	0	1	1	3
10	1	3	0	0	0	0	1	3

Chapitre 3

Analyse descriptive des données

Les données utilisées pour l'application des modèles de régression polytomique sont constituées de la base de données des patients épileptiques du CHU (Centre Hospitalier Universitaire) de Fann construite à partir des données cliniques et des données électrophysiologiques. Il s'agit d'une étude rétrospective portant sur un échantillon de 280 patients suivis à la consultation du service neurologique du CHU entre 2004-2010.

Toutes les observations n'étant pas pertinentes au regard des objectifs de notre étude, nous avons procédé à une sélection et à l'exclusion de plusieurs variables telle que l'adresse, la profession, l'état civil, etc. Seules, les observations associées à l'explication de l'épilepsie ou susceptible de conquerir ont été retenues.

Nous allons commencer dans la première section par la répartition démographique des patients qui sont l'âge et le sexe.

Deuxièmement, nous allons décrire les antécédents personnels et familiaux des patients. En troisième position, nous allons aborder le contexte clinique de l'épilepsie et en dernière il sera question de l'analyse de la variable réponse.

3.1 La répartition des patients par catégorie d'âge

Nous avons regroupé l'âge des patients selon les catégories proposées par les spécialistes de Neurologie. Ce regroupement peut être justifié par le désir d'avoir un modèle facilement interprétable et présentable.Nous allons présenter la répartition sous forme de tableau dans la suite.

Nourrisson	Enfant	Adolescent	Adulte	Personne Âgée
1mois-2ans	2ans-14ans	14ans-18ans	18ans-60ans	60ans et plus
1	2	3	4	5

TABLE 3.1 Catégorie d'Âge

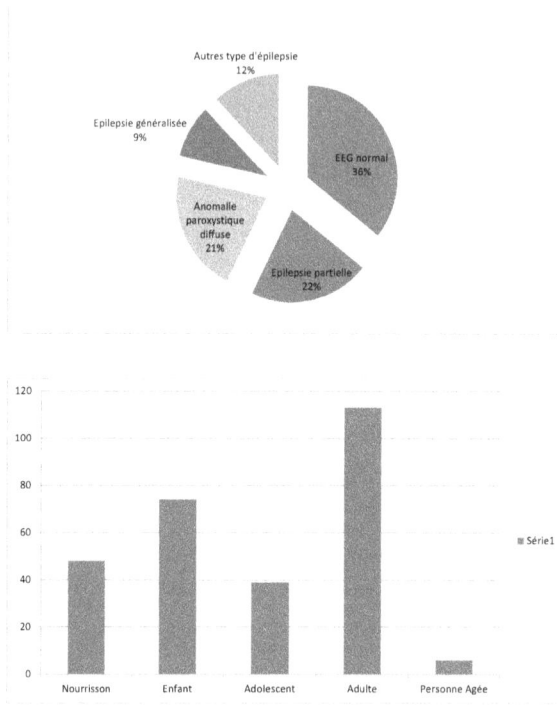

FIGURE 3.1 – Répartition par Catégorie d'Âge

Ce qui nous donne une variable qualitative avec cinq modalités. Nous avons renommé cette variable par Âge dans les données.

Nous constatons que le pourcentage des adultes et celles des enfants sont plus élevées que les autres catégories. On peut dire l'épilepsie est fréquent chez les nourrissons, les enfants et les adultes dans une toute première étude descriptive.

3.2 Répartition par Sexe

La variable Sexe est de type binaire.

Repartition du Sexe

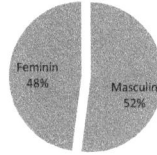

Repartition du sexe en fonction des categories d'age

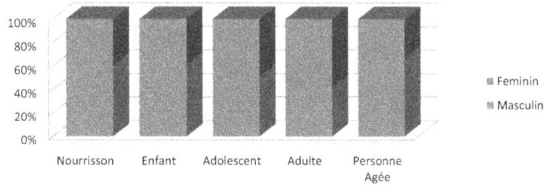

Nous avons que 52% des patients sont de sexe masculin et 48% de sexe féminin, soit un sexe-ratio de 1.1 en faveur des hommes. Et selon la répartition du sexe en fonction du catégorie d'âge, nous constatons que plus de 60% des catégories sont de sexe masculin. Ce qui confirme le résultat sur le sexe-ratio.

3.3 Antécédents familiaux et personnels des patients

3.3.1 Antécédents familiaux

La variable nommée ATCDF dans les données est du type binaire avec plus précisément :
– ATCDF=1, le patient a des antécédents familiaux
– ATCDF=0 ,le patient n'a pas des antécédents familiaux
D'après les résultats du tableau B.1, nous constatons qu'il y a 92.9% des sujets qui n'ont pas des antécédents familiaux d'épilepsie contre 7.1% qui ont des antécédents familiaux.
Donc nous pouvons déduire de ce faible pourcentage des patients qui n'ont pas des antécédents familiaux que l'épilepsie est dans la plupart des cas non héréditaire.

3.3.2 Antécédents personnels

La variable nommée ATCDP dans les données est du type binaire avec plus précisément :
– ATCDP=1, le patient a des antécédents personnels
– ATCDP=0, le patient n'a pas des antécédents personnels
D'après les résultats du tableau B.2, nous constatons qu'il y a 77.9% des sujets qui n'ont pas des antécédents personnels contre 22.1% qui ont des antécédents personnels.

Répartition des antécédents personnels en fonction de la catégorie d'âge

D'après les résultats du tableau B.3, nous constatons bien que la plupart des patients dans les catégories d'âge n'ont pas des antécédents personnels.

3.4 Répartition des données cliniques des patients

3.4.1 Répartition des types de crises

La variable que nous avons notée EPIC dans les données est une variable avec deux modalités définit ainsi :
- EPIC=0, le patient fait des crises non explorées ou inaugurales
- EPIC=1, le patient est connu épileptique

Repartition des crises en fonction de la categorie d'age

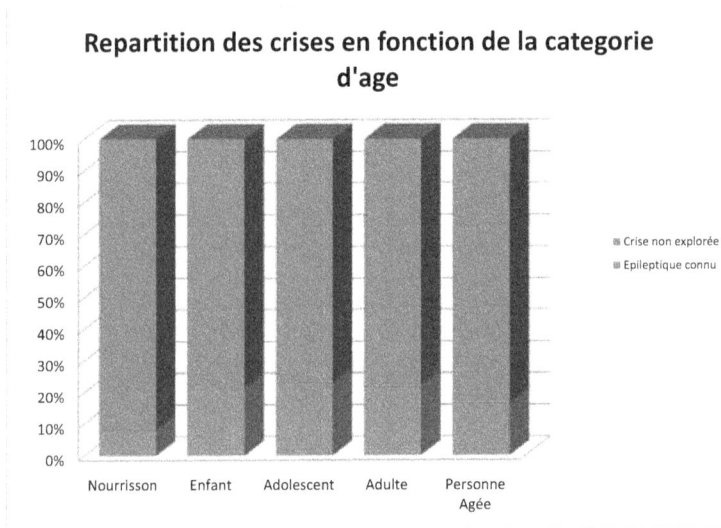

Nous avons dans le tableau C.1 que 80.4% des patients ont des crises non explorées alors que 19.6% sont des épileptiques connus. En croisant les catégories avec le type de crises, nous constatons que la plupart des catégories ont des pourcentages très élevé des crises non explorées. Nous pouvons conclure d'après l'histogramme que presque 80% des patients font des crises non explorées.

3.4.2 Traitement

La variable notée TTT dans les données est type binaire défini par :
- TTT=0, le patient ne suit aucun traitement
- TTT=1, le patient suit un traitement

Donc, en ce qui concerne le traitement des patients, nous avons 44.6% qui suivent un traitement particulier contre 55.6% qui ne suivent aucun traitement.

3.4.3 Répartition de type d'EEG

Nous avons noté par Type dans les données la variable qui spécifie le type d'EEG effectué lors de l'examen du patient. Étant que la variable est type qualitative avec plus de deux modalités, nous l'avons codée sous forme numérique.

En effet, nous avons :

- Type=1, s'il s'agit d'un EEG de veille
- Type=2, s'il s'agit d'un EEG de sommeil
- Type=3, s'il s'agit d'un EEG veuille, sommeil et avec surveillance du vidéo
- Type=4, s'il s'agit d'un EEG de veuille avec sous surveillance vidéo
- Type=5, s'il s'agit d'un EEG de sommeil avec sous surveillance vidéo

Donc d'après le tableau C.4, nous avons un pourcentage élevé des patients qui ont subi un EEG de veuille (65.4%). Par la suite, nous avons 12.9% des patients qui ont subi un EEG de veuille, sommeil et vidéo, 10.4% ont subi un EEG de veuille avec vidéo, 9.6% ont subi de sommeil et 1.8% ont subi un EEG de sommeil avec vidéo.

3.5 Répartition de la variable dépendante qui est l'indication de l'EEG

La variable dépendante est notée par 'Res' dans les données de la modélisation. Cette variable est qualitative avec plus de deux modalités. Au début de la modélisation, cette variable a presque dix-sept modalités. Après le regroupement de la variable réponse en type d'épilepsie et en regroupant les modalités avec des faible fréquences et les épilepsies indéterminées, nous nous sommes retrouvé avec seulement cinq modalités. Pour le regroupement, nous avons classés par type d'épilepsie et par anomalies.

Nous constatons que nous avons 35.7% de cas d'EEG normal contre 64.3% de cas d'EEG pathologique (Voir Tableau D.3).

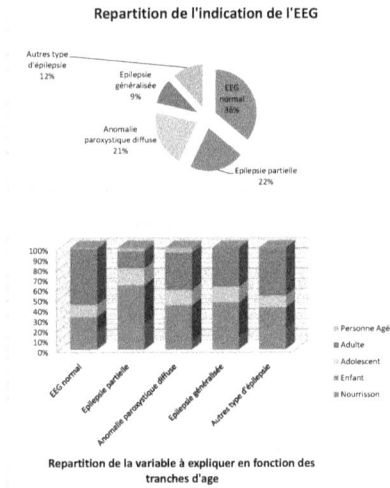

FIGURE 3.2 – Répartition par Sexe

Selon la répartition de la variable dépendante en fonction de la catégorie d'âge, nous avons que 37.5% des nourrissons ont un EEG normal et 62.5% ont un EEG pathologique. Plus particulièrement, 31.25% des nourrissons souffrent d'une épilepsie partielle. Ce constat est pareil pour les enfants aussi qui ont 31.08% d'épilepsie partielle et 28.4% d'épilepsie généralisée. Pour les adultes, 48.67% ont une EEG normal et 51.33% ont un EEG pathogène. Pour les personnes âgées, 50% ont une épilepsie généralisée, 33.30% d'épilepsie partielle et 16.67% d'EEG normal.

En conclusion, on pourrait affirmer que dans la plupart des cas, les enfants et les adultes ont un pourcentage élevés d'épilepsie et que l'épilepsie partielle est le type d'épilepsie la plus fréquente dans toutes les catégories.

Chapitre 4

Modèles Probit et Logit multinomiaux

4.1 Introduction

Les modèles multinomiaux ont été introduit à la fin des années 60. Ce sont des modèles dans lesquels la variable à expliquer peut prendre plus de deux modalités. Il existe trois catégories de modèles multinomiaux :
- Modèles multinomiaux ordonnés
- Modèles multinomiaux séquentiels
- Modèles multinomiaux non ordonnés

Pour notre cas, nous allons beaucoup plus étudier les modèles multinomiaux non ordonnés qui sont très fréquents en pratique. Parmi ces modèles, nous avons le modèle logit multinomial et le modèle logit conditionnel de McFadden qui sont les modèles les plus utilisés et qui constituent une extension du logit binaire qui est très intéressant. Le modèle logit multinomial est souvent critiqué pour sa propriété inhérente d'indépendance des alternatives non pertinentes(*IIA*). C'est pourquoi, des modèles alternatifs ont été développés comme le modèle logit hiérarchisé ou le modèle probit multinomial. Ainsi, l'estimation des modèles probit devient pratique même si l'interprétation des résultats obtenus n'est pas souvent aisée en pratique. Ainsi, il est possible d'étudier si le biais causé par l'hypothèse "les termes d'erreurs du modèle logit multinomial sont indépendants et identiquement distribués" est accepté pour éviter la complexité des calculs entraînée par l'estimation des modèles probit. Nous pouvons dire que, dans le cas des choix multinomiaux, la dérivation d'un modèle approprié et d'une méthode d'estimation convenable devient plus compliquée que dans le cas des choix binaires. Selon Chen et Duann[23], la sélection des modèles à choix discret est, généralement, un compromis entre la flexibilité fonctionnelle et la faisabilité computationnelle. Il y a le modèle logit multinomial qui est statistiquement efficace mais qui est non flexible. Dans l'autre extrémité, il existe le modèle probit multinomial qui est statistiquement inefficace mais qui est flexible. Ces derniers requièrent toutefois des techniques d'estimation relativement complexes.

4.2 Probit multinomial

Les modèles probit multinomiaux ont été introduit premièrement par Aitchison et Bennett(1970).
Le modèle probit multinomial est très rarement utilisé en pratique du fait de la complexité des calculs qui ne facilite pas l'interprétation en terme de l'analyse statistique jusqu'à récemment excepté bien sûre le cas $j = 1$ où le modèle se réduit au modèle dichotomique.
Soit $U_{ij}, j = 1, ..., J$ l'indication associée à la j − me modalité de l'EEG d'un individu particulier i de l'echantillon. Donc le modèle probit multinomial est définit comme étant le modèle pour lequel les U_{ij} sont distribués selon une loi normale.
Comme alternative aux difficultés liées au modèle probit mutinomial, Albright,
Lerman et Manski(1977) ont proposé une forme du modèle qui permet de faciliter les calculs sur l'estimation du modèle :

$$U_{ij} = X_i\beta_j + \varepsilon_{ij}$$

avec $\beta_j \sim N(\overline{\beta}, \sum_\beta)$ et $\varepsilon_{ij} = (\varepsilon_{i0}, \varepsilon_{i1}, ..., \varepsilon_{iJ}) \sim N(0, \sum_\varepsilon)$. β_j et ε_{ij} sont supposées indépendants entre eux et indépendants de j. Afin que le modèle soit identifiable un certain nombre de normalisation ont été effectuées sur les paramètres.
Il y a $(\frac{J(J+1)}{2})$ paramètres inconnus dans la structure des covariances. Cependant, la condition d'identification nécessite qu'au plus $(\frac{J(J+1)}{2} - 1)$ paramètres de covariances peuvent être estimés (Horowitz (1991) ; Bunch (1991)). Malheureusement, l'intégrale ne peut pas être résolue analytiquement. Donc, soit on utilise la simulation, soit une approximation pour pouvoir l'évaluer. Du fait de cette difficulté sur l'integrale, le

modèle probit multinomial est difficile à estimer et à interpréter. En pratique, nous proposons un modèle plus simple denommé modèle logit multinomial dans cette étude.

4.3 Logit multinomial

Soit un échantillon Ω de taille n.
Le modèle multinomial pour que la $i - eme$ variable expliquée Y_i appartienne à J modalités indicées $j = 1, ..., J$ disjointes pour chaque individu i est défini par :

$$Y_{ij} = \begin{cases} 1 \text{ si } Y_i = j \\ 0 \text{ sinon } \forall i = 1, .., n \ \forall j = 1, ..., J \end{cases}$$

Donc nous pouvons écrire le modèle sous la forme :

$$Y_{ij} = X_i \beta_j + \varepsilon_{ij} \ \forall i = 1, ..., n \text{ et } \forall j = 1, ..., J$$

avec

1. j=1,...,J les différentes modalités de l'indication de l'EEG

2. $X_i = (X_{i1}, X_{i2}, ..., X_{iK})$ est le vecteur des variables explicatives du modèle. Sa première composante vaut systématiquement 1. Elle prend en compte, dans le modèle, le fait que les modalités n'ont pas les mêmes effectifs. On remarquera que les paramètres de la combinaison linéaire dépendent de la modalité j.

3. $\beta_j = {}^t (\beta_{0j}, \beta_{1j}, ..., \beta_{Kj})$ le vecteur colonne des K paramètres des variables explicative,

4. ε_{ij} le terme d'erreur.

Ce qui revient à remarquer que le modèle logit multinomial est une généralisation de la régression logistique binaire.
Étant donné que chaque individu i est décrit par un ensemble de K variables explicatives $X_{i1}, X_{i2}, ..., X_{iK}$ par exemple (l'âge ou la catégorie d'age, le sexe, le type de l'EEG, antécédents familiaux, etc), le modèle est basé sur l'idée suivante.
La probabilité que l'individu i, compte tenu de ses descripteurs X_{ik}, fasse partie de la modalité j est supposée dépendre des X_{ik}, ou, plus précisément, d'une combinaison linéaire des X_{ik}.

En effet, nous pouvons formaliser notre modèle multinomial par :

$$\mathbb{P}(Y_i = j | X_i) = F(\beta_{0j} X_{0j} + \beta_{1j} X_{1j} + ... + \beta_{Kj} X_{Kj}) = F(X_i \beta_j) \forall i = 1, .., N \ \forall j = 1, ..., J$$

où $F(.) : \mathbb{R} \to [0, 1]$ est une fonction de répartition de la loi logistique.

Comme dans le cas dichotomique, nous sommes confronté au problème de normalisation sous forme de probabilité. Il s'agit donc de trouver une forme fonctionnelle F telle que chaque quantité $\mathbb{P}(Y_i = j | X_i)$ soit une probabilité c'est-à- dire que les propriétés suivantes doivent être vérifiées :

1. $0 \leq \mathbb{P}(Y_i = j | X_i) \leq 1$

2.
$$\sum_{j=1}^{J} \mathbb{P}(Y_i = j | X_i) = 1, \ \forall j = 1, ..., J$$

Afin d'assurer la stricte positivité de la fonctionnelle ou de $\mathbb{P}(Y_i = j | X_i)$, nous allons utiliser la fonction exponentielle qui par définition permet de vérifier une partie des propriétés de la probabilité. C'est une caractéristique fondamentale du modèle logit. Ce qui nous donne :

$$\mathbb{P}(Y_i = j | X_i) = \exp(X_i \beta_j)$$

Mais cette quantité peut prendre des valeurs supérieures à 1 car selon les propriétés de la fonction exponentielle, nous avons $\forall x \in \mathbb{R}, \exp(x) > 0$. Donc pour qu'elle vérifie les propriétés qui sont définies ci-dessus, on la normalise alors par la somme des $\exp(X_i \beta_j)$, et le modèle s'écrit :

$$\mathbb{P}(Y_i = j | X_i) = \frac{\exp(X_i \beta_j)}{\sum_{k=1}^{J} \exp(X_i \beta_k)}, \ \forall j = 1, ..., J$$

D'où la confirmation de la proposition de McFadden [1974] et Yellot [1977] qui est la suivante.

<u>Proposition</u> **4.3.1** *La probabilité de choisir la modalité j s'écrit sous la forme :*

$$\mathbb{P}(Y_i = j \mid X_i) = \frac{\exp(X_i \beta_j)}{\sum_{k=1}^{J} \exp(X_i \beta_k)}, \ \forall j = 1, ..., J$$

si et seulement si , les ε_{ij}, sont distribués selon la double exponentielle négative(Anderson et al [1992, ch. 2]) c'est à dire si ε_{ij} suit une distribution de la forme :

$$\forall x \in \mathbb{R}, F(x) = \exp(-e^{-x})$$

L'hypothèse simplificatrice posée sur les résidus signifie que la probabilité d'indifférence entre deux actions est nulle et que les bruits dans les préférences sont non corrélés et identiques, quelles que soient les actions. Ainsi, nous avons une forme fonctionnelle qui vérifie les propriétés d'une probabilité. Ce modèle est le modèle logit multinomial.

C'est ce modèle qui nous semble approprié pour la modélisation de l'épilepsie puisque les modalités des indications de l'EEG ne sont pas ordonnées(non hiérarchisées).

Le modèle possède à priori un nombre relativement élevé de paramètres : $(K + 1) \times J$ avec K l'ensemble des variables explicatives et J les modalités de la variable réponse la variable 'Indication de l'EEG' dans notre étude. En l'état, les effets des caractéristiques X sur l'appartenance à l'une des J catégories ne sont pas identifiées (on dit aussi que le modèle n'est pas identifié, ou que les paramètres ne le sont pas).

En effet, supposons que l'on ajoute un terme λ_0 quelconque aux J paramètres β_{0j} , un terme λ_1 aux J paramètres β_{1j} ,..., un terme λ_K aux J paramètres β_{Kj}.On a alors, en notant $\lambda = (\lambda_0, ..., \lambda_K)$ nous aurons :

$$\frac{\exp(X_i(\beta_j + \lambda))}{\sum_{k=1}^{J} \exp(X_i(\beta_k + \lambda))} = \frac{\exp(X_i \beta_j) \exp(X_i \lambda)}{\sum_{k=1}^{J} \exp(X_i \beta_k) \exp(X_i \lambda)} = \frac{\exp(X_i \beta_j)}{\sum_{k=1}^{J} \exp(X_i \beta_k)}$$

Une infinité de valeurs de β_j sont donc possibles, qui conduisent à une même valeur de la probabilité. Il faut alors imposer aux paramètres une condition qui permette l'identification du modèle. Celle qui est retenue en règle très générale est d'imposer la nullité de tous les paramètres relatifs à une catégorie donnée, appelée alors *catégorie* ou *modalité de référence*.

Le choix approprié de la *modalité de référence* est fait de façon à simplifier le calcul et l'interprétation des résultats d'une part et d'autre partie à contraindre la somme des probabilités à l'unité. Donc ce qui nous donne en définitive un ensemble de $J - 1$ modèle logit. En générale, la dernière modalité est considéré comme la référence. Ce choix de la modalité de référence n'est pas figé. Il pourrait être changé en fonction des données considérées.

Si nous décidons que la modalité de référence corresponde à $j = J$, alors la condition d'identification est :

$$\beta_{0J} = \beta_{1J} = ... = \beta_{KJ} = 0$$

D'où le modèle logit multinomial peut s'écrire avec la condition d'identification finalement sous la forme

$$\begin{cases} \mathbb{P}(Y_i = j | X_i) = \dfrac{\exp(X_i \beta_j)}{1 + \sum_{k=1}^{J-1} \exp(X_i \beta_k)}, \forall j = 1, ..., J-1 \\ \mathbb{P}(Y_i = J | X_i) = \dfrac{1}{1 + \sum_{k=1}^{J-1} \exp(X_i \beta_k)}, \forall j = 1, ..., J-1 \end{cases} \tag{4.3.0.1}$$

La difficulté avec le logit multinomial est que le rapport entre deux probabilités j et k est indépendant des états autres que j et k c'est à dire :

$$\frac{\mathbb{P}(Y_i = j | X_i)}{\mathbb{P}(Y_i = k | X_i)} = \exp(X_i(\beta_j - \beta_k))$$

C'est la propriété *IIA*(*Indépendance of Irrelevant Alternative*, indépendance des états non pertinents). Elle provient de l'hypothèse d'indépendance et d'homoscédasticité des termes d'erreurs entre les différentes modalités. Plus précisément cette limite du logit multinomial consiste à considérer que quelle que soit la modalité de référence choisie, les probabilités estimées seront identiques.

Elle peut être vérifiée à l'aide d'un test d'Hausman.

Comme pour le cas binaire, nous allons transformer le modèle sous une forme statistiquement plus simple à manier et interprétable. Ainsi en divisant $\mathbb{P}(Y_i = j | X_i)$ par $1 - \mathbb{P}(Y_i = j | X_i)$ et en prenant le logarithme nous aurons :

$$\ln(\frac{\mathbb{P}(Y_i = j | X_i)}{1 - \mathbb{P}(Y_i = j | X_i)}) = X_i \beta_j$$

On remarque bien pour $J = 2$, on retrouve bien l'expression d'un logit dichotomique. À partir ce terme de la fonction, nous pouvons également calculer l'odds-ratio qui est défini par :

$$OR = \exp(X_i\beta_j)$$

L'autre propriété très intéressante se traduit, sur le plan pratique, par le fait qu'on peut estiner les paramètres d'un logit multinomial en menant plusieurs estimations de logit dichotomiques opposant une modalité de référence à chacune des $(J-1)$ autres. Seule la précision des paramètres estimés diffère (Begg et Gray,1984).

4.4 Estimation des paramètres de la régression logit

La méthode la plus utilisée pour l'estimation des paramètres lorsque la loi de distribution des variables est connu est la méthode du maximum de vraisemblance. Elle est la méthode que nous allons utiliser dans notre cas en pratique. Pour cela, spécifions la loi de distribution de la variable réponse.

4.4.1 Estimation des paramètres du logit dichotomique

En effet, à l'évènement $Y_i = 1$ est associée la probabilité $p_i = F(X_i\beta)$ et à l'évènement $Y_i = 0$ correspond la probabilité $1 - p_i$. Ceci permet de considérer les valeurs observées y_i comme les réalisations d'un processus binomial avec une probabilité de $F(X_i\beta)$. La vraisemblance des échantillons associées aux modèles dichotomiques s'écrit donc comme la vraisemblance des échantillons associées à des modèles binomiaux. La seule particularité étant que les probabilités p_i varient avec l'individu puisqu'elles dépendent des caractéristiques X_i. Donc Pour un individu i, on modélise la probabilité à l'aide de la loi Binomiale $Bin(1, p_i)$, avec

$$\mathbb{P}(Y_i|X_i) = p_i^{y_i}(1 - p_i)^{1-y_i} \tag{4.4.1.1}$$

Donc la vraisemblance de l'échantillon Ω de taille n s'écrit sous la forme de :

$$L(y, \beta) = \prod_{i=1}^{n} p_i^{y_i}(1 - p_i)^{1-y_i} = \prod_{i=1}^{n} F(X_i\beta)^{y_i}(1 - F(X_i\beta))^{1-y_i} \tag{4.4.1.2}$$

avec L la vraisemblance et β le vecteur colonne$(K \times 1)$ composé des paramètres β_j à estimer.
Afin d'obtenir la forme fonctionnelle de la vraisemblance, spécifions la fonction de distribution $F(.)$.
Pour le modèle logit, nous avons $\forall X_i\beta \in \mathbb{R}$:

$$F(X_i\beta) = \frac{\exp(X_i\beta)}{1 + \exp(X_i\beta)}$$

et pour le probit :

$$F(X_i\beta) = \frac{1}{\sqrt{2\pi}} \int_{-\infty}^{X_i\beta} e^{\frac{-w}{2}} dw = \Phi(X_i\beta)$$

Donc on peut déduire facilement la log-vraisemblance notée $l(.,.)$ qui est définit par :

$$l(y, \beta) = \log L(y, \beta) = \sum_{i=1}^{n} (y_i \log[F(X_i\beta)] + (1 - y_i)\log[1 - F(X_i\beta)]) \tag{4.4.1.3}$$

En distinguant les deux cas, nous aurons :

$$l(y, \beta) = \log L(y, \beta) = \sum_{i=1:y_i=1}^{n} \log[F(X_i\beta)] + \sum_{i=1:y_i=0}^{n} \log[1 - F(X_i\beta)] \tag{4.4.1.4}$$

L'estimateur du maximum de vraisemblance des paramètres β est obtenu en maximisant la fonction de log-vraisemblance $l(y, \beta)$ c'est à dire en dérivant la log-vraisemblance par rapport aux éléments du vecteur colonne β. Ce qui revient à résoudre un système de K équations non linéaires en β.
De manière formelle, nous avons :

$$\widehat{\beta} = \arg\max_{\beta} \log L(y, \beta) \Leftrightarrow \tag{4.4.1.5}$$

$$\begin{aligned}
\frac{\partial \log L(y, \beta)}{\partial \beta} &= \sum_{i=1}^{n} y_i \frac{f(X_i\beta)}{F(X_i\beta)} X_i' + (y_i - 1)\frac{f(X_i\beta)}{1 - F(X_i\beta)} X_i' \\
&= \sum_{i=1}^{n} \frac{[y_i - F(X_i\beta)]f(X_i\beta)}{F(X_i\beta)(1 - F(X_i\beta))} X_i' = G(\widehat{\beta}) = 0,
\end{aligned} \tag{4.4.1.6}$$

avec $G(.)$ est le gradient associé à la log-vraisemblance $\frac{\partial \log L(y,\beta)}{\partial \beta}$, évalué au point $\hat{\beta}$, $f(.)$ la fonction de densité associée à la distribution $F(.)$.

Dans le cas du modèle logit, le système d'équations revient à résoudre :

$$G_L(\hat{\beta}) = \sum_{i=1}^{n} \frac{[y_i - F(X_i\beta)]f(X_i\beta)}{F(X_i\beta)(1 - F(X_i\beta))} X_i' = G(\hat{\beta}) = 0$$

$$= \sum_{i=1}^{n} y_i[1 - \Lambda(X_i\beta)]X_i' = 0$$

car d'après les propriétés de la loi logistique, si $\forall x$, $f(x)$ est la densité associée à la distribution $\Lambda(x)$ alors $f(x) = \Lambda(x)[1 - \Lambda(x)]$

et pour le probit nous avons :

$$G_P(\hat{\beta}) = \sum_{i=1}^{n} \frac{[y_i - \Phi(X_i\beta)]\Phi(X_i\beta)}{\Phi(X_i\beta)(1 - \Phi(X_i\beta))} X_i'$$

En tenant compte de la pondération, l'equation(4.4.1.6) est l'equivalent empirique de $\mathbb{E}[(X_i'w_i)\varepsilon_i]$ et peut s'écrire sous la forme :

$$G(\hat{\beta}) = \sum_{i=1}^{n} (X_i'w_i)[y_i - F(X_i\beta)] = 0$$

avec $w_i = \frac{f(X_i\beta)}{F(X_i\beta)(1-F(X_i\beta))}$ et $\varepsilon_i = y_i - F(X_i\beta)$ est le résidu dans le modèle non linéaire y_i.

Comme $\frac{\partial \log L(y,\beta)}{\partial \beta} = 0$ n'est pas linéaire donc nous allons utiliser la matrice Hessienne pour estimer les paramètres β. Elle est obtenu en prenant les dérivées secondes de la fonction log-vraisemblance.

En effet,

Définition 4.4.1 *Pour un modèle dichotomique univarié, la matrice associée à la log vraisemblance d'un échantillon de taille n, noté $y = (y_1, ..., y_n)$, s'écrit sous la forme*

$$H(\beta) = \frac{\partial^2 l(y,\beta)}{\partial\beta\partial\beta'} = -\sum_{i=1}^{n}[\frac{y_i}{F(X_i\beta)^2} + \frac{1 - y_i}{(1 - F(X_i\beta))^2}]f(X_i\beta)^2 X_i'X_i$$

$$+ \sum_{i=1}^{n}[\frac{y_i - F(X_i\beta)}{F(X_i\beta)(1 - F(X_i\beta))}]f'(X_i\beta)X_i'X_i$$

Or il n'existe pas d'expression simplifiée dans le cas des modèles logit et probit de la matrice. En revanche, l'espérance de la matrice, qui intervient dans le calcul de la matrice de variance covariance asymptotique de l'estimateur de maximum de vraisemblance, a une écriture plus simple.

Nous avons aussi que $E(Y_i) = F(X_i\beta)$ car $E(\varepsilon_i) = 0$, donc ce qui nous donne :

$$E[H(\beta)] = E\left[\frac{\partial^2 l(y,\beta)}{\partial\beta\partial\beta'}\right]$$

$$= -\sum_{i=1}^{n}\left[\frac{E(y_i)}{F(X_i\beta)^2} + \frac{E(1 - y_i)}{(1 - F(X_i\beta))^2}\right]f(X_i\beta)^2 X_i'X_i$$

$$= -\sum_{i=1}^{n}\left[\frac{1}{F(X_i\beta)} + \frac{1}{1 - F(X_i\beta)}\right]f(X_i\beta)^2 X_i'X_i$$

Donc en définitive, nous avons :

$$E[H(\beta)] = -\sum_{i=1}^{n} \frac{f(X_i\beta)^2}{F(X_i\beta)(1 - F(X_i\beta))} X_i'X_i$$

et la matrice d'information de Fisher qui est l'opposé de l'espérance de la matrice peut être déduite facilement :

$$\mathrm{I}(\beta) = -E\left[\frac{\partial^2 l(y,\beta)}{\partial\beta\partial\beta'}\right] = \sum_{i=1}^{n} \frac{f(X_i\beta)^2}{F(X_i\beta)(1 - F(X_i\beta))} X_i'X_i$$

4.4.2 Extensions pour l'estimation des paramètres du logit multinomial

La méthode utilisée pour l'estimation des paramètres est toujours la méthode du maximum de vraisemblance. Plus précisément, l'estimation des paramètres du modèle logit multinomial s'effectue alors en maximisant la log-vraisemblance par rapport aux vecteurs de paramètres $\beta_j = (\beta_{0j}, ..., \beta_{KJ})$ donc d'après la définition du modèle dans le paragraphe précédent la vraisemblance est définie par :

$$L(y, \beta) = \prod_{i=1}^{n} \prod_{j=1}^{J} \mathbb{P}(Y_i = j | X_i)^{Y_{ij}}$$

avec les probabilités $\mathbb{P}(Y_i = j | X_i) = \frac{\exp(X_i \beta_j)}{\sum_{k=1}^{J} \exp(X_i \beta_k)}, \forall j = 1, ..., J$ et $Y_{ij} = 1$ si $Y_i = j$ et 0 sinon. Donc la log-vraisemblance est définie par :

$$l(y, \beta) = \log L(y, \beta) = \sum_{i=1}^{n} \sum_{j=1}^{J} Y_{ij} \log(\mathbb{P}(Y_i = j | X_i))$$

Donc en remplaçant $\mathbb{P}(Y_i = j | X_i)$ par sa valeur, La log vraisemblance associée à un modèle logit multinomial à J modalités $j = 1, ..., J$ s'écrit :

$$l(y, \beta) = \sum_{i=1}^{n} \sum_{j=1}^{J} Y_{ij} X_i \beta_j - \sum_{i=1}^{n} \log \left[1 + \sum_{k=1}^{J} \exp(X_i \beta_k) \right]$$

avec comme condition d'identification des paramètres $\beta_1 = 0$.

L'equation de la vraisemblance $\frac{\partial \log L}{\beta}$ n'est pas linéaire, les paramètres β ne peuvent donc être estimés directement. Nous pouvons aussi remarquer que la fonction de log-vraisemblance d'un modèle logit multinomial indépendant est globalement concave car les dérivées secondes de la fonction sont négatives ce qui entraîne que la matrice est définie négativement pratique, on utilise un algorithme de maximisation numérique de la log-vraisemblance fondé sur l'utilisation du hessien et du gradient. On estime alors le maximum de la vraisemblance par itérations successives.

Définition 4.4.2 *Le gradient associé à la log-vraisemblance d'un modèle logit multinomial est défini par* $j = 1, ..., J$:

$$\frac{\partial \log L}{\partial \beta_j} = \sum_{i=1}^{n} (Y_{ij} - P_{ij}) X_i'$$

avec $P_{ij} = \mathbb{P}(Y_i = j | X_i)$

Définition 4.4.3 *De la même manière, la matrice qui est la dérivée seconde de la fonction log-vraisemblance est définie par :*

$$H(\beta) = \frac{\partial \log^2 L}{\partial \beta_j \partial \beta_k'} = -\sum_{i=1}^{n} P_{ij} (\mathbb{1}_{jk} - P_{ik}) X_i' X_i$$

avec $\mathbb{1}_{jk} = 1$ *si* $j = k$ *et 0 sinon.*

Nous pouvons déduire facilement **la matrice d'information de Fisher** :

Définition 4.4.4

$$I(\beta) = -E(\frac{\partial \log^2 L}{\partial \beta_j \partial \beta_k'}) = \sum_{i=1}^{n} P_{ij} (\mathbb{1}_{jk} - P_{ik}) X_i' X_i$$

car les dérivées secondes ne font pas intervenir les Y_i

Après l'estimation des paramètres du modèle ainsi que la vraisemblance, il nous reste à tester la significativité de ces paramètres, à évaluer la robustesse du modèle à expliquer les variables de l'étude et en dernière partie l'interprétation des résultats obtenus. C'est ce que nous allons aborder dans cette dernière partie de ce chapitre.

4.5   Tests Statistiques

Les tests sur les coefficients consistent avant tout à éprouver leur significativité. Par rapport à la régression binaire, l'analyse est plus compliquée car nous pouvons multiplier les possibilités : tester la nullité de K coefficients dans un logit, dans un ensemble de logit ou dans les $J - 1$ logit. Les conséquences ne sont pas les mêmes. Si une variable n'est pas significative dans l'ensemble des logit, nous pouvons l'exclure de l'étude. Si elle est significative dans un logit au moins, son rôle est avéré dans la caractérisation d'une des modalités de la variable dépendante. La variable ne peut pas être exclue.

Autre aspect intéressant, nous pouvons être amenés à tester l'égalité des coefficients pour plusieurs (ou l'ensemble des) équations logit. Cela ne préjuge en rien de leur significativité. Si l'hypothèse est vérifiée, on dira simplement que la variable joue un rôle identique dans la caractérisation des différentes modalités de la variable dépendante.

Comme pour la régression binaire, nous disposons de deux outils pour réaliser les tests qui sont le test du rapport de vraisemblance et le test de Wald.

4.5.1   Test du rapport de vraisemblance

La statistique du rapport de vraisemblance correspond toujours à la comparaison des déviances des régressions sous H_0 notée (D_{H_0}) et H_1 notée (D_M) ou encore la fonction de log-vraisemblance sous H_0 contre la fonction de log-vraisemblance sous H_1. Elle permet d'évaluer la régression de manière globale c'est à dire comparer le modèle complet avec le modèle trivial composé de la seule constante (dans chaque équation LOGIT). Elle suit une loi du χ^2 sous l'hypothèse nulle. Les degrés de liberté sont obtenus par différenciation du nombre de paramètres estimés.

Formellement, on peut l'écrire comme :

$$\text{LR} = D_{H_0} - D_M = -2 * \log(\frac{L_{reduced}}{L_{full}}) = -2 * (l_{reduced} - l_{full})$$

Pour tester la significativé d'un coefficient dans un logit, alors on pose l'hypothèse nulle de ce test :

$$H_0 : \beta_{kj} = 0$$

Si la réponse est non, il ne l'est pas, nous pouvons supprimer la variable associée dans le logit concerné. Nous ne pouvons rien conclure en revanche concernant les autres logit. Nous ne pouvons donc pas exclure la variable de l'étude.

Par contre pour tester la significativité d'un coefficient dans tous les logit, l'hypothèse nulle du test s'écrit

$$H_0 : \beta_{kj} = 0, \ \forall k$$

Dans ce cas, le test est plus approfondi que le précédent. Il cherche à savoir si les coefficients d'une variable explicative sont simultanément nuls dans l'ensemble des logit. Si les données sont compatibles avec H_0, nous pouvons la retirer du modèle.

4.5.2 Test de Wald et de Student

La statistique de Wald exploite la normalité asymptotique des estimateurs du maximum de vraisemblance. Nous devons au préalable calculer la matrice de variance et covariance des coefficients qui est un peu plus complexe puisque nous en manipulons simultanément $(K + 1) \times (J - 1)$. La statistique suit une loi du χ^2, le nombre de degrés de liberté est égal au nombre de contraintes que l'on pose sur les coefficients sous l'hypothèse nulle. Cela apparaît clairement lorsque nous nous pencherons sur l'écriture généralisée.

Pour tester la significativé d'un seul coefficient dans un modèle logit, la statistique de Wald qui est formé par le rapport entre le carré du coefficient et sa variance est définie par :

$$W_{kj} = \frac{\hat{\beta}_{kj}^2}{\hat{\sigma}_{\hat{\beta}_{kj}}^2}$$

Elle suit une loi du χ^2 à 1 degré de liberté.

Pour tester la significativé d'un coefficient dans tous les logit, la statistique de test suit une loi du χ^2 à $(K - 1)$ degrés de liberté sous H_0.

Elle s'écrit

$$W = \hat{\beta}'_j \hat{\sum}_j^{-1} \hat{\beta}_j$$

β_j est le vecteur des coefficients à évaluer ; $\hat{\sum}_j$ est leur matrice de variance-covariance.

L'inconvénient est que le test de Wald est conservateur. Il a tendance à favoriser l'hypothèse nulle.

Nous avons aussi le test de Student. Cette statistique est égale au rapport de la valeur estimée du paramètre à son écart-type estimé. Sa valeur absolue mesure une "distance" à zéro du paramètre estimé, compte tenu de l'aléa dû au fait qu'on observe un échantillon d'individus. Plus elle est élevée, plus faible est le risque de se tromper en affirmant que le paramètre est non nul. Avec un échantillon de taille importante, elle suit la loi normale centrée réduite. Les valeurs-repère sont traditionnellement 1.65 (si la valeur absolue de la statistique est supérieure à 1.65, le risque de se tromper en affirmant la non-nullité est inférieur à 10%), 1.96 (risque inférieur à 5%) et 2.57 (risque inférieur à 1%).

4.6 Indicateurs de la qualité de l'ajustement du modèle aux données

Il y a plusieurs indicateurs basés sur la log-vraisemblance qui permettent de juger la qualité de l'ajustement du modèle utilisé sur les données à la référence du coefficient de détermination empirique R^2 du modèle linéaire classique.

Les plus utilisées des indicateurs sont les pseudo-R^2. Les pseudo-R^2 résultent de l'opposition, sous différentes formes, de la vraisemblance du modèle étudié L_M avec celle du modèle trivial L_0. Ils quantifient la contribution des descripteurs dans l'explication de la variable dépendante. Plus précisément. il s'agit de vérifier si notre modèle fait mieux que le modèle trivial c'est-à-dire s'il présente une vraisemblance ou une log-vraisemblance plus favorable.

Il y a plusieurs formes de pseudo-R^2 qui sont proposés dans la littérature.

McFadden (1973) a proposé un coefficient de détermination défini par :

$$\rho^2 = R_{MC}^2 = 1 - \frac{\ln L_M}{\ln L_0}$$

Si la régression ne sert à rien, les variables explicatives n'expliquent rien, l'indicateur vaut 0 ; lorsque la régression est parfaite, l'indicateur vaut 1. Menard ([16], page 27) suggère que le R_{MF}^2 de McFadden est le plus adapté à la régression logistique : il est le plus proche conceptuellement du coefficient de détermination de la régression linéaire multiple. Toutefois, il n'en possède pas plusieurs propriétés du coefficient de détermination. En particulier, ses valeurs ne couvrent pas l'intervalle $]0,1[$ et restent toujours faibles.

Nous avons également le pseudo-R^2 de Cox et Snell qui est défini par :

$$R_{CS}^2 = 1 - \left(\frac{L_0}{L_M} \right)^{\frac{2}{n}}$$

avec n la taille de l'échantillon. Les règles de décision sont pareilles à celles de R_{MF}^2.

Enfin nous avons le pseudo-R^2 de Nagelkerke (Nagelkerke (1991)) défini par :

$$R_{NG}^2 = \frac{R_{CS}^2}{\max(R_{CS}^2)}$$

Le pseudo-R_{NG}^2 est considéré comme une normalisation du pseudo-R_{CS}^2

Chapitre 5

Analyse et interprétation des résultats d'estimation du logit multinomial

5.1 Remarques sur le type de variable explicative

Le type de variable explicative inclue dans le modèle mérite une attention très particulière dans le modèle logit multinomial.

Dans notre cas, nous avons trois types de variables explicatives. Il y a les variables continues (Âge), les variables binaires (ATCDP, ATCDF, TTT, EPIC) et les variables qualitatives (Type et Catégorie d'Âge) avec plus de deux modalités.

- Les variables continues ne posent pas de problème particulier ;
- Les variables binaire peuvent être traiter en les codant sous forme binaire par 0 ou 1 comme ce qui a été bien faite dans nos données ;
- Par contre, les variables qualitatives doivent recevoir un traitement très particulier et en plus dans notre cas elles ne sont pas ordonnées. Le problème dans ce type de variable est qu'une variable dont les modalités sont 1, 2, ..., J sera remplacée par J variables binaire : la jième vaut 1 si l'individu a la modalité j, 0 sinon. Donc comme leur somme vaut un, il faut alors en exclure une de ces variables binaires du modèle pour éviter la dépendance linéaire des vecteurs. La modalité exclue est appelée modalité de référence de la variable qualitative. Ce traitement sera réservé aux variables catégorie d'âge et type d'EEG.

Il est important de souligner que l'interprétation des paramètres et le calcul des probabilités d'appartenance au différentes modalités varient entre les variables explicatives inclues dans le modèle. Les paramètres estimés donnent donc l'impact de la variable explicative sur la probabilité d'appartenance à la modalité en question relativement à la modalité de référence.

5.2 Interprétation des résultats d'estimation du logit multinomial

Nous cherchons à estimer les paramètres du logit multinomial expliquant l'appartenance à une modalité de l'EEG par les sept variables explicatives qui sont : Sexe, Age, EPIC, ATCDF, ATCDP, TTT, Type en plus de la *constante* du modèle.

L'intérêt de la variable *constante* est qu'elle permet de tenir compte du fait que les modalités ne sont pas également représentées. Elle est notée *Intercept* dans la plupart des logiciels statistique.

L'autre point important du logit multinomial est la contrainte du choix de la condition d'identification du modèle. Il s'agit d'annuler les paramètres associés à une modalité. Cette modalité sera appelée *modalité de référence*, et elle servira à la comparaison avec les autres modalités du modèle. Donc nous aurons $J - 1$ modèles à estimer où J est le nombre de modalités.

Le choix de la modalité de référence doit se faire de manière à ce que cette modalité soit consiérée comme point de comparaison pour les autres modalités. Le choix se fera notamment en fonction de la problématique de l'étude.

Dans notre cas, la modalité de référence est l'EEG normal. Ce choix pourrait se justifier par le fait que l'objectif de notre étude est de modéliser les caractéristiques des indications de l'EEG pathogène relativement à l'EEG normal. Donc l'EEG normal peut être considéré comme Témoin.

Il ne reste plus qu'à interpréter et tester la significativité des paramètres en se référant toujours au tableau D.7. Pour le test, nous allons nous baser sur le test de Wald et nous fixons un risque $\alpha = 5\%$.

5.2.1 Épilepsie partielle ou anomalie paroxystique focalisée en comparaison avec l'EEG normal

La constante(Intercept)

Nous estimons ici le logit multinomial de l'épilepsie partielle . La valeur de la statistique de Wald de la constante est de 4.573. Et pour tester la significativité, nous allons observer la colonne des p-value. Nous avons un p-value qui est égale à 0.032 (Voir Tableau D.7). Elle est inférieure à la valeur du seuil de 5%. Nous allons rejeter l'hypothèse nulle pour cette variable. Donc la constante est significativement négative avec un risque de 5%. Cela signifie que la probabilité associée à l'épilepsie partielle est globalement inférieure à la probabilité associée à l'EEG normal (EEG de référence).

La constante (Intercept) est donc incluse dans le modèle.

Sexe

La valeur de la statistique de Wald du sexe est de 0.506 avec un p-value de l'ordre de 0.477. Donc la p-value est supérieure à la valeur du seuil 5%. Donc on accepte l'hypothèse nulle et de ce fait, le sexe n'est pas significativement différent de zéro pour ce modèle.

Il est donc exclu du modèle.

Les catégories ou tranches d'âge

Pour cette variable qui est qualitative avec plus de deux modalités, il est impératif de choisir une catégorie de base. La catégorie choisie est la catégorie des nourrissons.

Nous avons les p-value respéctives de la catégorie des enfants, des adolescents, des adultes et des personnes âgées qui sont 0.079, 0.799, 0.051 et 0.413.

Donc nous avons que la catégorie d'âge des enfants est significativement différent de zero au seuil de 10% et la catégorie des adultes est significativement différent de zéro au seuil de 5% pour l'épilepsie partielle.

Donc l'âge a un effet significativement différent de zero pour l'épilepsie partielle.

EPIC ou Type de crises

La valeur de la statistique de Wald de cette variable est 6.889 avec un p-value de l'ordre de 0.009. Cette p-value est inférieure au seuil de 5%. On rejette alors l'hypothèse nulle.

En effet, nous pouvons dire que les types de crises ont un effet significativement différent de zero au seuil de 5%.

Ce qui fait que les types de crises sont inclus dans le modèle.

Antécédents familiaux ou ATCdF

La valeur de la statistique de Wald de cette variable est 0.936. La p-value est égale à 0.333 qui est supérieure à la valeur du seuil qu'on s'est fixée.

Donc cette variable n'est pas significativement différent de zero.

La variable est exclue du modèle.

Antécédents personnels

Pour cette variable, nous acceptons l'hypothèse nulle puisque la valeur de la p-value qui est de 0.339 est supérieure à la valeur du seuil 5%.

Donc la variable n'est pas significativement nulle donc elle peut être exclue du modèle.

Traitement

La statistique de Wald est de l'ordre de 2.702 et avec un p-value qui est égal à 0.100. Donc compte tenu du seuil qu'on s'est fixé $\alpha = 5\%$, nous acceptons l'hypothèse nulle. Ce qui donne l'exclusion de la variable TTT du modèle pour l'épilepsie partielle.

Les Types d'EEG ou Type

En considérant le type de référence, l'EEG de veuille, tous les p-value sont supérieur au seuil de 0.05 (0.469, 0.303, 0.449, 0.238).

Donc le type d'EEG n'a pas un effet significativement différent de zero pour l'épilepsie partielle.

Interprétation en terme d'odds ratio

Après la significativité des variables explicatives, il est très primordial d'interpréter en termes d'odds ratio défini dans notre modèle comme étant l'exponentielle des paramètres estimés.

En ce qui concerne le sexe, nous avons que les femmes ont 1.304 fois plus de chance d'avoir une épilepsie partielle qu'un EEG normal.

Pour la catégorie d'âge, nous avons que les enfants ont 2.933 fois plus de chance que les nourrissons d'avoir une épilepsie partielle qu'un EEG normal, les adolescents en ont 1.202 plus de chance. Et le risque d'avoir une épilepsie partielle qu'un EEG normal chez les adultes diminuent de 0.266. Et enfin les personnes âgées ont 3.098 fois plus de chance d'avoir une épilepsie partielle.

Pour la variable EPIC, nous avons que les épileptiques connus ont 4.209 fois plus de chance d'avoir une épilepsie partielle que les patients qui font des crises inaugurales. Les patients qui ont des antécédents familiaux et personnels sont aussi les plus probables d'avoir une épilepsie partielle qu'un EEG normal. Nous avons aussi que les patients qui suivent un traitement particulier sont les plus probables d'avoir une épilepsie partielle. En ce qui concerne le type d'examen subi par le patient, nous avons que l'EEG de sommeil a 1.650 fois plus de chance de détecter une anomalie qu'un EEG normal. Pour l'EEG de veuille, sommeil avec surveillance vidéo, l'EEG veuille avec surveillance vidéo et l'EEG de sommeil avec vidéo ,nous aurons respectivement 2.027, 0.616 et 4.860 plus de chance d'avoir une anomalie dans les tracées qu'un EEG normal.

5.2.2 Épilepsie diffuse ou anomalie paroxystique diffuse en comparaison avec l'EEG normal

Nous allons tout d'abord étudier la significativité des variables explicatives qui pourraient être inclues dans le modèle. Donc en regardant la colonne des p-value des variables, nous avons les variables Intercept, Age2, Age5, EPIC, TTT qui sont significatives au seuil de $\alpha = 5\%$ avec respectivement les valeurs des p-value qui sont 0.001, 0.004, 0.046, 0.011, 0.048 puisqu'elles sont inférieures au seuil 5% (Voir Tableau D.7). Donc on rejette l'hypothèse nulle pour ces variables. La variable *Type5* est significative au seuil de $\alpha = 10\%$.

Donc la constante, la catégorie d'âge, le type de crises, le traitement ainsi que dans une moindre mesure le type d'examen sont des facteurs très déterminants pour l'explication de l'épilepsie diffuse ou l'anomalie paroxystique diffuse.

En passant à l'interprétation en terme d'odds ratio ou de risque relatif, nous aurons les conclusions suivantes.

En premier lieu, nous avons que les femmes ont 1.294 fois plus de chance que les hommes d'avoir une épilepsie diffuse ou une anomalie paroxystique diffuse.

Pour la catégorie d'âge, nous avons que les enfants ont 8.238 fois plus de chance que les nourrissons d'avoir une épilepsie diffuse ou anomalie paroxystique diffuse qu'un EEG normal, les adolescents en ont 3.772 fois plus de chance, les adultes en ont 1.973 et les personnes âgées en ont 15.802.

Les patients épileptiques connus ont 3.770 fois plus de chance que les patients qui présentent des crises inaugurales d'avoir une épilepsie diffuse ou une anomalie paroxystique diffuse qu'un EEG normal.

Pour le cas des antécédents familiaux, les patients qui ont des antécédents familiaux ont 26.45% de chances moins que ceux qui n'en n'ont pas d'avoir une épilepsie diffuse ou une anomalie paroxystique diffuse qu'un EEG normal.

Nous avons que pour le cas des antécédents personnels, la valeur de l'odds ratio est égale à 0.968 ≈ 1. Donc nous pouvons dire que le fait d'avoir des antécédents personnels n'a pas d'impact sur la présence d'une épilepsie diffuse ou d'une anomalie paroxystique diffuse. Ceux qui suivent un traitement particulier ont 2.223 fois plus de chance d'avoir une épilepsie diffuse ou une anomalie paroxystique diffuse qu'un EEG normal.

Nous remarquons aussi que l'EEG de sommeil a 2.887 fois plus de chance de détecter une anomalie dans les tracées que l'EEG de veuille, l'EEG de veuille avec vidéo en a 0.641 et l'EEG de sommeil avec vidéo a 9.667 fois plus de chance de détecter une anomalie paroxystique diffuse.

5.2.3 Épilepsie généralisée ou anomalie paroxystique généralisée en comparaison avec l'EEG normal

Les variables déterminantes pour ce type d'épilepsie sont constitués de la constante qui est significative au seuil de 5% et la catégorie d'âge des enfants qui est significative au seuil de 10%. Pour toutes les autres variables nous acceptons l'hypothèse nulle puisque les p-value sont supérieurs au seuil (Voir Tableau D.7). En définitive, on peut retenir que pour la modélisation de l'épilepsie généralisée la constante et la catégorie d'âge sont déterminante.

Concernant l'analyse statistique en terme d'odds ratio, nous avons que les femmes sont toujours les plus exposées à l'épilepsie généralisée que les hommes soit 1.539 fois plus que les hommes.

Pour la catégorie d'âge, les enfants ont 4.568 fois plus de chance que les nourrissons d'avoir une épilepsie généralisée qu'un EEG normal. Les adolescents en ont 2.220, les adultes sont presque à une même proportion que les nourrissons et les personnes âgées sont moins exposées que les nourrissons à l'épilepsie généralisée. Les patients qui sont épileptiques connus sont les plus exposées à l'épilepsie généralisée que les patients qui font des crises inaugurales.

Les patients qui ont des antécédents familiaux sont plus exposés à l'épilepsie généralisée que ceux n'ont pas des antécédents familiaux soit 2.672 fois plus. Par contre ceux qui ont des antécédents personnels sont moins exposés que ceux qui n'en ont pas car le risque diminue de 0.357. Et les patients qui ne suivent pas un traitement sont plus exposés à une épilepsie généralisée que ceux qui suivent un traitement car le risque de ceux qui suivent un traitement diminue de 0.890.

Concernant le type d'examen subi par le patient, nous avons que l'EEG de sommeil est 2.887 plus efficace pour détecter une anomalie que l'EEG de veuille. L'EEG de veuille, sommeil avec surveillance du video est 1.119 plus efficace pour détecter une anomalie que l'EEG de veuille.

5.2.4 Autres type d'épilepsie

Pour les autres types d'épilepsie constituées des épilepsies non classifiées et des crises avec des faibles fréquences, nous avons la constante avec un p-value de 0.002 et le type d'examen d'EEG qui sont significatives au seuil de 5% (Voir Tableau D.7).

Pour contrôler les autres type d'épilepsie, il faut surtout faire un EEG de veuille, de sommeil avec une surveillance du patient avec la vidéo.

En passant à l'analyse statistique par odds ratio ou par risque, nous aboutissons aux conclusions suivantes. Le sexe n'a pas une influence sur les autres types d'épilepsie car nous avons un p-value égal à 1 donc l'odds est supposé rester constant. Pour la catégorie d'âge, les enfants ont 3.947 fois plus de chances que les nourrissons d'avoir une épilepsie indéterminée, les adolescents en ont 3.276, les adultes en ont 3.294.

Les patients qui sont épileptique connus sont plus exposées à une épilepsie indéterminée que ceux qui font des crises non explorées ou inaugurales. Les patients qui ont des antécédents familiaux sont aussi plus exposées que ceux qui n'ont pas des antécédents familiaux à une épilepsie indéterminée. Ceux qui ont des antécédents personnels ont 1.498 fois plus de chance d'avoir une épilepsie indeterminée. L'odds ratio pour la suivie du traitement égal à 1.095, ce qui entraîne que le traitement n'a aucun effet sur le risque de détermination des épilepsies indéterminées.

En ce qui concerne le type d'examen d'EEG, nous avons que l'EEG de veuille, sommeil avec surveillance de la vidéo ont 11.060 plus de chance de détecter une épilepsie de type indéterminée qu'un EEG normal par rapport aux autres type d'examens.

Chapitre 6

Conclusion

L'objectif principal de ce travail était de proposer une méthode de modélisation statistique et mathématiques permettant d'identifier les facteurs pronostiques de l'épilepsie ou du profil épidémiologique des patients épileptiques vu au service neurologique du CHU de Fann en fonction des caractéristiques des variables explicatives.

Le modèle que nous avions estimé le mieux adapté était le modèle logit multinomial (polytomique) de McFadden même si elle se base sur une hypothèse très forte quant aux modalités de la variable réponse. Plus précisément, nous avions modélisé les probabilités d'appartenances aux différentes modalités ou indications de l'EEG en fonction des variables explicatives des patients.

La méthode d'estimation des paramètres qui a été utilisée est la méthode du maximum de vraisemblance.

Après avoir estimer les différents paramètres de chaque modèle, nous avions utilisé le test de Wald pour tester la significativité des paramètres avec un risque de 5%.

Pour l'évaluation globale du modèle et son ajustement sur d'autres données, le R^2_{MF} de MacFadden, le R^2_{Cox} de Cox et le R^2_{Nag} ainsi que le test du rapport de vraisemblance ont été utilisées. Nous avions obtenu un p-value égal à 2.490391e-05. Ce qui nous amène à conclure que le modèle est globalement très significatif.

Après avoir effectuer toutes ces démarches d'une modélisation statistique, nous avons retenu que la catégorie d'âge ou l'âge, les types de crises et le type d'examen d'EEG sont les facteurs pronostiques et déterminants de l'épilepsie. Toutes ces variables étaient significativement différent de zéro dans tous les modèles.

Néanmoins, les incohérences des certains résultats d'estimation de notre modèle pourraient être mieux contrôlée en faisant une étude longitudinal et en augmentant la taille des données des patients épileptiques. Ce qui permettra de rendre plus robuste l'algorithme de l'estimation.

Les limites du logit multinomial pourraient faire l'objet d'une étude plus poussée en la substituant pourquoi pas par le probit multinomial ou une méthode bayésienne.

Enfin, il serait intéressant de développer une méthodologie permettant la localisation et la classification des crises à partir des signaux EEG de surface par des methodes de détection paramétrique et non paramétrique.

Bibliographie

[1] Abdeljelil Farhat, Abdelwaheb Daouthi, *Essais de modélisation de l'épilepsie en Tunisie : Théorie et application basées sur des modèles de régression logistique*, Memoire de Master, 2010.

[2] AFSA ESSAFI C.,*Les modèles logit polytomique non ordonnés : théorie et application*, Série des Documents de Travail Méthodologie Statistique, INSEE,2003.

[3] Agresti, A., *Categorical Data Analysis*, John Wiley Sons,1990.

[4] Amemiya,T., *Qualitative Response Models : A Survey*, Journal of Economic Literature 19[4] :1483-1536,1981.

[5] Borooach, Vani K.,*logit and probit : ordered and multinomial models*,Quantitative Application in the Social Sciences 07-138 :97 pages,2002.

[6] Chen, Y.C. et Duann, L.S. , *"The Finite-Sample Properties of Maximum Likelihood Estimators in Multinomial Probit Models"*, Journal Of the Eastern Asia Society for Transportation Studies, Vol. 6 : 1667-1681, 2005.

[7] Christophe Hurlin,*Modèles Logit Multinomiaux Ordonnées et non Ordonnés*, Polycopié de Cours, 2003.

[8] C. et Lynn, K., *"A Note on the Estimation of the Multinomial Logit with Random Effects"*, The American Statistician 55[2] :89-95, 2001.

[9] Daniel L. McFadden,*Econometric Analysis of qualitative response models*, Elsevier, 1984.

[10] J. Cambier, M. Masson, and H. Dehen. *Abrégés de Neurologie*. Paris : Masson, 2000.

[11] J. Engel Jr. *Research on the human brain in an epilepsy surgery setting*. Epilepsy Research, 32 :1-11, 1998.

[12] Jean-Jacques Droesbeke, Michel Lejeune, Gilbert Saporta,*Modèles statistiques des données qualitatives*,Editions TECHNIP, 2005 - 291 pages.

[13] Leblanc, D.,*L'économétrie et l'étude des comportements*, Série des Documents de travail Méthodologie Statistique,2000.

[14] LIGUE SENEGALAISE CONTRE L'EPILEPSIE, OMS, 2001.

[15] Mathieu CAPAROS,*Analyse automatique des crises d'épilepsie du lobe temporal à partir des EEG de surface*, Thèse, 2006.

[16] S. Menard, *Applied Logistic Régression Analysis* (Second Edition), Series :Quantitative Applications in the Social Sciences, n0106, Sage Publications, 2002.

[17] Pascal Bressoux,*Modélisation statistique appliquée aux sciences sociales*, De Boeck Université, 464 pages, 2008.

[18] Paul Frogerais,*Modélisation et identification en épilepsie : De la dynamique des populations neuronales aux signaux EEG*, Thèse, LTSI - Unité INSERM UMR 642,2008.

[19] Rico R., *Pratique de la Régression Logistique*, 2009.

[20] Thomas W. Yee,VGAM *Family Functions for Categorical Data*, http ://www.stat.auckland.ac.nz/ yee, 2010.

[21] Vach, W. [1997], *"Some issues in estimating the effect of prognostic factors from incomplete covariate data"*, Statistics in Medicine 16 : 57-72.

[22] Ying So,Warren F. Kuhfeld,*Multinomial Logit Models*,http ://support.sas.com/techsup/technote/mr2010g.pdf, 15p.,2009.

[23] Yu-Chin CHEN,Liang-Shyong DUANN,*THE FINITE-SAMPLE PROPERTIES OF MAXIMUM LIKELIHOOD ESTIMATORS IN MULTINOMIAL PROBIT MODELS*,Journal of the Eastern Asia Society for Transportation Studies, Vol. 6, pp. 1667-1681, 2005.

Annexe A

Analyse descriptive des données

N	280
Moyenne	17,99
Médiane	16,00
Mode	2
Écart-type	15,211
Variance	231,376
Minimum	0
Maximum	70
Centiles 25	4,00
50	16,00
75	25,00

TABLE A.1 – Statistique descriptive de l'âge

Catégorie d'âge	Effectif	Pourcentage
1	48	17.1
2	74	26.4
3	39	13.9
4	113	40.4
5	6	2.1
Total	280	100

TABLE A.2 – Répartition par catégorie d'âge

Sexe	Effectifs	Pourcentage
Masculin	146	52.1
Féminin	134	47.9
Total	280	100

TABLE A.3 – Répartition du sexe

	Masculin	Féminin	Total	Pourcentage Masculin	Pourcentage Féminin
1	29	19	48	60.4	39.6
2	45	29	74	60.8	39.2
3	20	19	39	52.3	48.7
4	48	65	113	42.5	57.5
5	4	2	6	66.7	33.3
Total	146	134	280		

TABLE A.4 – Répartition du sexe en fonction du catégorie d'âge

Annexe B

Antécédents des patients

antécédents	Effectifs	Pourcentage
Non	260	92.9
Oui	20	7.1
Total	280	100

TABLE B.1 – Pourcentage total des antécédents familiaux

antécédents	Effectifs	Pourcentage
Non	218	77.9
Oui	62	22.1
Total	280	100

TABLE B.2 – Pourcentage total des antécédents personnels

	Non	Oui	Total	Pourcentage Non	Pourcentage Oui
1	34	14	48	70.8	29.2
2	60	14	74	81.1	18.9
3	28	11	39	71.8	28.2
4	93	20	113	82.3	17.7
5	3	3	6	50	50
Total	146	134	280		

TABLE B.3 – Répartition des antécédents personnels en fonction du catégorie d'âge

Annexe C

Répartition des données clinique des patients

Type de crises	Effectifs	Pourcentage
Crise inaugurale	225	80.4
Épileptique connu	55	19.6
Total	280	100

TABLE C.1 – Pourcentage total des types de crises

	Crise non explorée	Connu épileptique	Total	Pourcentage Crise non explorée	épileptique
1	44	4	48	91.7	8.3
2	58	16	74	78.4	21.6
3	30	9	39	76.9	23.1
4	88	25	113	77.9	22.1
5	5	1	6	83.3	16.7
Total	225	55	280		

TABLE C.2 – Répartition du sexe en fonction du catégorie d'âge

Traitement	Effectifs	Pourcentage
Non	155	55.4
Oui	125	44.6
Total	280	100

TABLE C.3 – Pourcentages du traitement des patients

Type d'examen d'EEG	Effectif	Pourcentage
1	183	65.4
2	27	9.6
3	36	12.9
4	29	10.4
5	5	1.8
Total	280	100

TABLE C.4 – Répartition par Type d'EEG

Annexe D

Variable dépendante

Modalités	Effectifs	Pourcentage
1	100	35,7
2	41	14,6
3	6	2,1
4	1	,4
5	1	,4
6	44	15,7
7	1	,4
8	3	1,1
9	6	2,1
10	14	5,0
11	20	7,1
12	1	,4
13	3	1,1
14	10	3,6
15	2	,7
16	6	2,1
17	21	7,5
Total	280	100

TABLE D.1 – Répartition par de la variable dépendante avant élimination des faible fréquence

Modalités	Effectifs	Pourcentage
1	100	35,7
2	60	21,4
3	60	21,4
4	26	9,3
5	34	12,1
Total	280	100,0

TABLE D.2 – Répartition de la variable dépendante après élimination des faible fréquence

Modalités	Effectifs	Pourcentage
Normal	100	35,7
Pathologique	180	64,3
Total	280	100,0

TABLE D.3 – Répartition du type de la variable dépendante après élimination des faible fréquence

	1	2	3	4	5
Nourrisson	37.500000	31.250000	10.416667	6.250000	14.583333
Enfant	18.918919	31.081081	28.378378	12.162162	9.459459
Adolescent	30.769231	25.641026	23.076923	10.256410	10.256410
Adulte	48.672566	8.849558	19.469027	8.849558	14.159292
Personne âgée	16.666667	33.333333	50.000000	0.00000000	0.00000000

TABLE D.4 – Répartition du type de la variable
dépendante en fonction de la catégorie d'âge

Pseudo R-carre Cox et Snell	0.310
Nagelkerke	0.326
McFadden	0.123

TABLE D.5 – Evaluation globale du modèle

Intercept	4,619E2	,000	0	
Sexe	463,090	1,240	4	,872
EPIC	471,323	9,473	4	,050
ATCdF	465,203	3,353	4	,501
ATCDP	466,665	4,815	4	,307
TTT	467,989	6,139	4	,189
Age	501,454	39,604	16	,001
Type	488,866	27,016	16	,041

TABLE D.6 – Test du rapport de vraisemblance

	Coefficients Estimés	Statistique de Wald	P-Value	Odds Ratio
(Intercept) :1	-1.34996170	4.573	0.032	0.259
(Intercept) :2	-2.45329476	10.455	0.001	0.086
(Intercept) :3	-2.08531412	5.239	0.022	0.124
(Intercept) :4	-2.78863208	9.813	0.002	0.062
Sexe :1	0.26544766	0.506	0.477	1.304
Sexe :2	0.25753659	0.493	0.483	1.294
Sexe :3	0.43134292	0.839	0.360	1.539
Sexe :4	0.03553452	0.007	0.935	1.036
Age2 :1	1.07602079	3.094	0.079	2.933
Age2 :2	2.10872096	8.457	0.004	8.238
Age2 :3	1.51917250	2.988	0.084	4.568
Age2 :4	1.37283964	2.683	0.101	3.947
Age3 :1	0.18423719	0.065	0.799	1.202
Age3 :2	1.32769041	2.591	0.107	3.772
Age3 :3	0.79752790	0.598	0.439	2.220
Age3 :4	1.18664726	1.419	0.233	3.276
Age4 :1	-1.32410694	3.821	0.051	0.266
Age4 :2	0.67977372	0.845	0.358	1.973
Age4 :3	0.09707175	0.011	0.917	1.102
Age4 :4	1.19204761	1.868	0.172	3.294
Age5 :1	1.13084422	0.671	0.413	3.098
Age5 :2	2.76011442	3.984	0.046	15.802
Age5 :3	-10.87681525	0.001	0.982	0.000
Age5 :4	-11.08201902	0.001	0.981	0.000
EPIC :1	1.43729709	6.889	0.009	4.209
EPIC :2	1.32709821	6.400	0.011	3.770
EPIC :3	0.72063168	0.932	0.334	2.056
EPIC :4	0.57449483	0.685	0.408	1.776
ATCdF :1	0.72307034	0.936	0.333	2.061
ATCdF :2	-0.30722961	0.127	0.721	0.735
ATCdF :3	0.98287056	1.335	0.248	2.672
ATCdF :4	0.55877556	0.440	0.507	1.749
ATCDP :1	0.40437651	0.914	0.339	1.498
ATCDP :2	-0.03270696	0.006	0.940	0.968
ATCDP :3	-1.02962652	1.683	0.195	0.357
ATCDP :4	0.40419906	0.664	0.415	1.498
TTT :1	0.66987977	2.702	0.100	1.954
TTT :2	0.79887436	3.924	0.048	2.223
TTT :3	-0.11609977	0.047	0.828	0.890
TTT :4	0.09040916	0.036	0.850	1.095
Type2 :1	0.50048714	0.523	0.469	1.650
Type2 :2	1.06019105	2.293	0.130	2.887
Type2 :3	0.51257271	0.335	0.563	1.670
Type2 :4	-11.75982080	0.003	0.954	0.000
Type3 :1	0.70646144	1.059	0.303	2.027
Type3 :2	0.55777176	0.486	0.486	1.747
Type3 :3	0.11274372	0.012	0.912	1.119

TABLE D.7 – Résultats d'estimation de notre modèle

	Coefficients Estimés	Statistique de Wald	P-Value	Odds Ratio
Type3 :4	2.40330921	8.751	0.003	11.060
Type4 :1	-0.48427520	0.572	0.449	0.616
Type4 :2	-0.44423344	0.501	0.479	0.641
Type4 :3	-0.29500878	0.158	0.691	0.745
Type4 :4	0.54571367	0.749	0.387	1.726
Type5 :1	1.58107077	1.390	0.238	4.860
Type5 :2	2.26868024	2.895	0.089	9.667
Type5 :3	-11.62600152	0.001	0.982	0.000
Type5 :4	-11.46063968	0.001	0.982	0.000

TABLE D.8 – Résultats d'estimation de notre modèle

Annexe E

Code R

```
> rr=read.table('donnne.txt',T)
> library(VGAM)
> rr=read.table('donnne.txt',T)
> library(VGAM)#Package pour la modélisation du logit multinomial
> rr =transform(rr,Type=as.factor(Type))#On la prend comme facteur
> rr =transform(rr,Age=as.factor(Age))#On la prend comme facteur
> v=vglm(as.factor(rr$Res)~.,data=rr,family=multinomial(refLevel=1))#La référence est 1=EEG normal
> summary(v)

Call:
vglm(formula = as.factor(rr$Res) ~ ., family = multinomial(refLevel = 1),
    data = rr)

Pearson Residuals:
                    Min      1Q   Median        3Q    Max
log(mu[,2]/mu[,1]) -2.2374 -0.48550 -0.30892 -0.099296 4.2490
log(mu[,3]/mu[,1]) -2.2126 -0.48404 -0.34221 -0.110585 3.3225
log(mu[,4]/mu[,1]) -1.5066 -0.39163 -0.19738 -0.098340 6.4688
log(mu[,5]/mu[,1]) -1.4662 -0.45525 -0.20464 -0.001893 5.2556

Coefficients:
                 Value Std. Error   t value
(Intercept):1  -1.349962   0.63131 -2.138352
(Intercept):2  -2.453295   0.75874 -3.233382
(Intercept):3  -2.085314   0.91109 -2.288812
(Intercept):4  -2.788632   0.89021 -3.132565
Sexe:1          0.265448   0.37327  0.711142
Sexe:2          0.257537   0.36681  0.702107
Sexe:3          0.431343   0.47103  0.915750
Sexe:4          0.035535   0.43322  0.082025
Age2:1          1.076021   0.61171  1.759027
Age2:2          2.108721   0.72511  2.908140
Age2:3          1.519172   0.87886  1.728581
Age2:4          1.372840   0.83805  1.638127
Age3:1          0.184237   0.72362  0.254604
Age3:2          1.327690   0.82478  1.609747
Age3:3          0.797528   1.03149  0.773182
Age3:4          1.186647   0.99600  1.191410
Age4:1         -1.324107   0.67735 -1.954829
Age4:2          0.679774   0.73952  0.919205
Age4:3          0.097072   0.92810  0.104592
Age4:4          1.192048   0.87219  1.366725
Age5:1          1.130844   1.38047  0.819174
Age5:2          2.760114   1.38276  1.996090
Age5:3        -10.876815 477.67408 -0.022770
Age5:4        -11.082019 472.60855 -0.023449
```

```
EPIC:1         1.437297    0.54761  2.624676
EPIC:2         1.327098    0.52457  2.529892
EPIC:3         0.720632    0.74628  0.965633
EPIC:4         0.574495    0.69419  0.827571
ATCdF:1        0.723070    0.74730  0.967582
ATCdF:2       -0.307230    0.86121 -0.356742
ATCdF:3        0.982871    0.85077  1.155276
ATCdF:4        0.558776    0.84256  0.663188
ATCDP:1        0.404377    0.42289  0.956216
ATCDP:2       -0.032707    0.43761 -0.074739
ATCDP:3       -1.029627    0.79377 -1.297138
ATCDP:4        0.404199    0.49615  0.814671
TTT:1          0.669880    0.40756  1.643639
TTT:2          0.798874    0.40328  1.980939
TTT:3         -0.116100    0.53323 -0.217728
TTT:4          0.090409    0.47746  0.189354
Type2:1        0.500487    0.69186  0.723391
Type2:2        1.060191    0.70013  1.514286
Type2:3        0.512573    0.88615  0.578429
Type2:4      -11.759821  205.38369 -0.057258
Type3:1        0.706461    0.68637  1.029270
Type3:2        0.557772    0.80032  0.696934
Type3:3        0.112744    1.02447  0.110050
Type3:4        2.403309    0.81242  2.958206
Type4:1       -0.484275    0.64009 -0.756578
Type4:2       -0.444233    0.62776 -0.707652
Type4:3       -0.295009    0.74332 -0.396878
Type4:4        0.545714    0.63073  0.865207
Type5:1        1.581071    1.34092  1.179092
Type5:2        2.268680    1.33328  1.701582
Type5:3      -11.626002  508.08339 -0.022882
Type5:4      -11.460640  508.40449 -0.022542
```

Number of linear predictors: 4

Names of linear predictors:
log(mu[,2]/mu[,1]), log(mu[,3]/mu[,1]), log(mu[,4]/mu[,1]), log(mu[,5]/mu[,1])

Dispersion Parameter for mutinomial family: 1

Residual Deviance: 738.5791 on 1064 degrees of freedom

Log-likelihood: -369.2895 on 1064 degrees of freedom

Number of Iterations: 13

```
> odds=data.frame(exp(coef(summary(v))[,'Value']))#Odds Ratio des paramètres
######Test de Wald########
StatWald=(coef(summary(v))[, "Value"])^2/(coef(summary(v))[, "Std. Error"])^2
StatWald
pvalue=1-pchisq(StatWald,1)#la statisque de test suit un chi-deux à un degré de liberté
pvalue=data.frame(pvalue)
pvalue
round(pvalue,3)##On arrondi à trois chiffres après la virgule les p-value

> TestWald=data.frame(Coefficients=coef(summary(v))[, "Value"],round(StatWald,3),pvalue=round(pvalue
> TestWald
              Coefficients   Wald pvalue OddsRatio
(Intercept):1   -1.34996170  4.573  0.032     0.259
(Intercept):2   -2.45329476 10.455  0.001     0.086
(Intercept):3   -2.08531412  5.239  0.022     0.124
```

```
(Intercept):4  -2.78863208  9.813  0.002   0.062
Sexe:1          0.26544766  0.506  0.477   1.304
Sexe:2          0.25753659  0.493  0.483   1.294
Sexe:3          0.43134292  0.839  0.360   1.539
Sexe:4          0.03553452  0.007  0.935   1.036
Age2:1          1.07602079  3.094  0.079   2.933
Age2:2          2.10872096  8.457  0.004   8.238
Age2:3          1.51917250  2.988  0.084   4.568
Age2:4          1.37283964  2.683  0.101   3.947
Age3:1          0.18423719  0.065  0.799   1.202
Age3:2          1.32769041  2.591  0.107   3.772
Age3:3          0.79752790  0.598  0.439   2.220
Age3:4          1.18664726  1.419  0.233   3.276
Age4:1         -1.32410694  3.821  0.051   0.266
Age4:2          0.67977372  0.845  0.358   1.973
Age4:3          0.09707175  0.011  0.917   1.102
Age4:4          1.19204761  1.868  0.172   3.294
Age5:1          1.13084422  0.671  0.413   3.098
Age5:2          2.76011442  3.984  0.046  15.802
Age5:3        -10.87681525  0.001  0.982   0.000
Age5:4        -11.08201902  0.001  0.981   0.000
EPIC:1          1.43729709  6.889  0.009   4.209
EPIC:2          1.32709821  6.400  0.011   3.770
EPIC:3          0.72063168  0.932  0.334   2.056
EPIC:4          0.57449483  0.685  0.408   1.776
ATCdF:1         0.72307034  0.936  0.333   2.061
ATCdF:2        -0.30722961  0.127  0.721   0.735
ATCdF:3         0.98287056  1.335  0.248   2.672
ATCdF:4         0.55877556  0.440  0.507   1.749
ATCDP:1         0.40437651  0.914  0.339   1.498
ATCDP:2        -0.03270696  0.006  0.940   0.968
ATCDP:3        -1.02962652  1.683  0.195   0.357
ATCDP:4         0.40419906  0.664  0.415   1.498
TTT:1           0.66987977  2.702  0.100   1.954
TTT:2           0.79887436  3.924  0.048   2.223
TTT:3          -0.11609977  0.047  0.828   0.890
TTT:4           0.09040916  0.036  0.850   1.095
Type2:1         0.50048714  0.523  0.469   1.650
Type2:2         1.06019105  2.293  0.130   2.887
Type2:3         0.51257271  0.335  0.563   1.670
Type2:4       -11.75982080  0.003  0.954   0.000
Type3:1         0.70646144  1.059  0.303   2.027
Type3:2         0.55777176  0.486  0.486   1.747
Type3:3         0.11274372  0.012  0.912   1.119
Type3:4         2.40330921  8.751  0.003  11.060
Type4:1        -0.48427520  0.572  0.449   0.616
Type4:2        -0.44423344  0.501  0.479   0.641
Type4:3        -0.29500878  0.158  0.691   0.745
Type4:4         0.54571367  0.749  0.387   1.726
Type5:1         1.58107077  1.390  0.238   4.860
Type5:2         2.26868024  2.895  0.089   9.667
Type5:3       -11.62600152  0.001  0.982   0.000
Type5:4       -11.46063968  0.001  0.982   0.000


##############Test du rapport de vraisemblance###############
modelfinal=vglm(as.factor(rr$Res)~.,data=rr,family=multinomial(refLevel=1))#La reference est 1=EEG no
modelConstante=vglm(as.factor(rr$Res)~1,data=rr,family=multinomial(refLevel=1))#La reference est 1=EE
anova.vglm=function(vgam1,vgam2){
stat=deviance(vgam2)-deviance(vgam1)
df=df.residual(vgam2)-df.residual(vgam1)
```

```
c(stat=stat/df,p=1-pchisq(stat,df))
}
> anova.vglm(modelfinal,modelConstante)#Affiche la difference entre les déviances et la pvalue
        stat           p
2.000247e+00 2.490391e-05
```

Liste des tableaux

Table des figures

.

www.ingramcontent.com/pod-product-compliance
Lightning Source LLC
Chambersburg PA
CBHW021610210326
41599CB00010B/688